JN245981

IMPROVEMENT APPROACH FOR LIVELIHOOD

Toward New Rural Development from Japan to the Countryside in China, Africa and Latin America

世界に広がる
農村生活改善

日本から中国・アフリカ・中南米へ

水野正己/堀口 正

[編著]

晃洋書房

は し が き

　本書の執筆者は，長年にわたり日本，中国，アフリカ，中南米などの農村を歩き，そこで見たこと，聞いたこと，考えたことをそれぞれカメラで撮影し，レコーダーで録音し，そしてノートに記す，あるいはまとめるという活動を続けてきた．そしてその成果の一部が1冊の本（『世界に広がる農村生活改善』）として上梓されることになった．

　執筆者の専門領域は農学，経済学，社会学，開発学など多岐にわたる．であるからこそ，研究対象や問題に対して，捉えかたや考えかた，そしてアプローチの方法も異なってくる．ところが，そうした多様な考えかたやアプローチの違いが，衝突や混乱を起こすこともあれば，反対に，問題や課題に対する解決方法の発見を容易にし，かつそのことを通じて，対象者や地域の人びとの生活を豊かにしてくれることも多い．たとえば，中国では，かつて農民による「郷村建設運動」が試みられたものの，第2次世界大戦以降，富国強兵や近代化を目指しはじめたことから，農村や農民は都市や国家に従属するものとなり，かつ小農経済の利点をも軽視してしまうことになった．一方，サハラ以南アフリカ地域や中南米・カリブ海諸国でもアンバランスな産業化と大規模農業の拡大などにより，小農民の所得向上どころか，かえって格差を拡大させ，生活基盤を失った貧困層を増大させてきたことなどをあげることができる．

　そうした状況のなかにおいても，執筆者らは外部者として現地に入り込み，彼女・彼ら住民の考え方や知恵を考察・評価し，あるいは気づきを促し，提案などを行う一方で，これらの国や地域の一部では，国際協力機構（JICA）や民間NGOなどが行う生活改善アプローチや改善の取り組みを通じて，試行錯誤を繰り返しながらも，少しずつ課題や困難を克服する途をもとめてきたのであ

る．GDP の増大や貧困率の低減といった指標（結果重視）は重要ではあるものの，それぞれの国・地域そして人びとの暮らしのなかに入っていくと，そうした指標ではとらえきれない個性的な生活スタイルや人びとが生活を切り盛りしていく術（過程重視）の大切さに気づくことが多いのである．

　本書は，そうした国・地域の人びとが織りなす生活デザインや創意工夫を拾い上げ，日本にとどまらず，世界各国の人びとに伝えていくことを目的にしている．

　そして，本書が最も伝えていきたいことは「……学」といった形式にこだわらず，また国や地域にかかわらず，人間として生活していくなかにおいて，問題を発見して，それを改善し，そしてそれをまた継続していくといった行為や，現場において，1 人ひとりが考えながら，物的な向上だけでなく，質的な向上を試みる方法とは何かということを読者の皆さんと一緒に探求していくことにある．したがって，本書を専門家や学生だけでなく，マスコミ関係者，公務員，政治家，そして老若男女すべてのひとに読んでいただけることを願っている．

　本書の各章で紹介している内容からわかるように，今後，日本を含めて中国・アフリカ・中南米の国や地域の経済成長や都市化が急速に進展し，その後，収束へと向かうことが確実視される一方で，少子高齢化の進展や貧困問題の未解決，そして都市と農村の関係，全面的に都市化した社会の中での農村の位置づけなど，それらのなかにひしめく矛盾や限界にどう対処していくべきなのかを真剣に考える時期にきているといってよい．

　そうした状況において，戦後日本の開発経験を振り返り，また日本の農村において，第 2 次世界大戦後の農業改革の一環として，生活改善事業が取り組まれてきたことやその役割を検証することは，上記の矛盾や限界に一定程度の処方箋を提示することができるのではないかと考えた．なぜなら，まず同事業における手法の普遍性——つまり，失敗と成功を繰り返しながら，漸進的に農家が直面している生活ニーズに対して，問題解決を図ってきたことや，同事業でファシリテーターとして活動した生活改良普及員らが生活改善実行グループ組

織を育成し，最終的に「考える農民」を育てること，つまり「人間開発」を目指してきたからである．

　このような一連のサイクルを体系化したものを，「生活改善アプローチ」と呼ぶが，これはごく普通の人びとが，いつでも，どこでも，何からでも始めることができる点に特徴がある．そして，そうした活動が継続することで，より大きな効果が期待でき，さらに次の活動へと循環的につながっていく．幼児教育や福祉実践の現場においても同様に，生活困難から抜け出すためには，その置かれている環境に加えて，本人たちの自発性を引き出すこと（「なにを」ではなく「いかに」を重視）の重要性が認識されている．ところが，戦後日本の生活改善アプローチとその手法は，これらのことが認識される前から先進国・途上国に関係なく，実践の場でそのことが認識されてきたことに大きな意義をみいだせる．

　こんご，先進国・途上国を問わず人びとの貧困問題の解決と生活の質の向上を実現していくためには，この「いかに」を重視したアプローチが欠かせないといっても過言ではない．そういった点からも，生活改善アプローチは「すでに時代遅れになった」のではなく，逆に「現在進行形」として十分に役割を果たしているといえるのではないだろうか．

　最後に，本書の刊行に際して，宮崎県，大分県，山口県の方々にご協力いただいただけでなく，国際協力機構（JICA）やその関係者，そして中国・アフリカ・中南米で生活している人びとと共に現場で一緒に考え，いろいろなことを学ばせていただいた（ありがとう，謝謝，ASANTE，Gracias！）

　それからもうひとつ．本書の編集に関して，晃洋書房の丸井清泰氏に多大なるご尽力を得ることができた．記して，感謝の意を表したい．

　2019年3月

編　著　者

目　　次

第Ⅱ部　海外に広がる農村生活改善

序　章

いま世界の農村で起きていること
──問題提起にかえて──

はじめに

（1）　世界中で農村人口の大量流出が始まった

　いま世界の農村でいったい何が起きているのだろうか．この問いに対する回答はさまざまであるとしても，われわれとその後に続く世代にとってもっとも重大なことをひとつ挙げるとすれば，それは農村から大量の人びとが都市に向かって移動し続けていることである．これは一般に都市化と呼ばれる現象である．その第1段階は農村から都市への人口流出であるが，第2段階になると，都市域が外延部に（多くは無秩序に）拡大し，農村から流入する一層多くの人口を吸収し，巨大都市圏が形成される．農村からの流出人口を国内の都市で吸収しきれない場合，農村に過剰人口が滞留する可能性も想定されるが，特に青壮年層が高所得国の労働市場を目指して大量移動することが現実に起こっている．農村地域から国内外の都市を目指して大規模な人口移動・移住が進む結果，今日のアジア諸国の首都圏にみられるように，世界のいたるところに巨大都市圏が急速に形成される．

　農村から都市への人口流出は，これまでの人類の歴史上，非可逆的な過程であった．したがって，これは都市化現象に終止符が打たれる都市社会の形成まで続くとみられる．**表序-1**によって，世界と主要地域，そして本書の以下の

表序-1　地域・国別の都市人口比率の推移

（単位：％）

地域・国	歴　　年									
	1950	1960	1970	1980	1990	2000	2010	2020	2030	2050
全世界	29.6	33.8	36.6	39.3	43.0	46.7	51.7	56.2	60.4	68.4
アジア	17.5	21.2	23.7	27.1	32.3	37.5	44.8	51.1	56.7	66.2
日本	53.4	63.3	71.9	76.2	77.3	78.6	90.8	91.8	92.7	94.7
中国（大陸部）	11.8	16.2	17.4	19.4	26.4	35.9	49.2	61.4	70.6	80.0
ヨーロッパ	51.7	57.4	63.1	67.6	69.9	71.1	72.9	74.9	77.5	83.7
アフリカ（サハラ以南）	11.1	14.9	18.3	22.6	27.5	31.4	36.1	41.4	47.0	58.1
セネガル	17.2	23.0	30.0	35.8	38.9	40.3	43.8	48.1	53.2	64.5
ラテンアメリカ・カリブ海諸国	41.3	49.4	57.3	64.6	70.7	75.5	78.6	81.2	83.6	87.8
コスタリカ	33.5	34.3	38.8	43.1	50.0	59.1	71.7	80.8	85.8	90.1
エルサルバドル	36.5	38.4	39.4	44.1	49.3	58.9	65.5	73.4	79.2	85.5
ドミニカ共和国	23.7	30.2	40.3	51.3	55.2	61.8	73.8	82.5	87.8	92.0
ニカラグア	35.2	39.6	47.0	50.3	53.1	55.2	56.9	59.0	62.3	71.4
パラグアイ	34.6	35.6	37.1	41.7	48.7	55.3	59.3	62.2	65.7	74.3
北アメリカ	63.9	69.9	73.8	73.9	75.4	79.1	80.8	82.6	84.7	89.0
オセアニア	76.2	80.5	83.5	85.2	85.3	84.5	85.3	86.3	87.7	91.0

出所：UN, Department of Economic and Social Affairs, Population Division [2018].

章で取り上げる中国をはじめさまざまな国々における，全人口に占める都市人口の比率をみることにする．これは，1950年から現在までの都市化の動向，ならびに現在から2050年までの都市化の進展を予測したものである．

　それによると，世界全体では1950年に都市人口比率は29.6％であったが，2000年までに46.7％に増加した．国連の推計によると，2007年から2008年の間[1]に全世界の農村人口と都市人口の比率は逆転した．2008年以降も，われわれの住む地球社会では都市化が進行し続け，2030年に60.4％（国連持続可能開発目標〔SDGs: Sustainable Development Goals, 2016-2030年〕の最終年．その目標11は世界の都市人口比率を60％と見込んでいる），そして2050年には68.4％まで都市人口比率が増加する．同表に掲載した世界の主要地域ならびに本書の分析対象国のすべてにおいて，1950年から2050年までの1世紀の間に都市人口比率は増加し続け，現在の高所得地域やラテンアメリカ・カリブ海諸国では8～9割以上の人口が都市

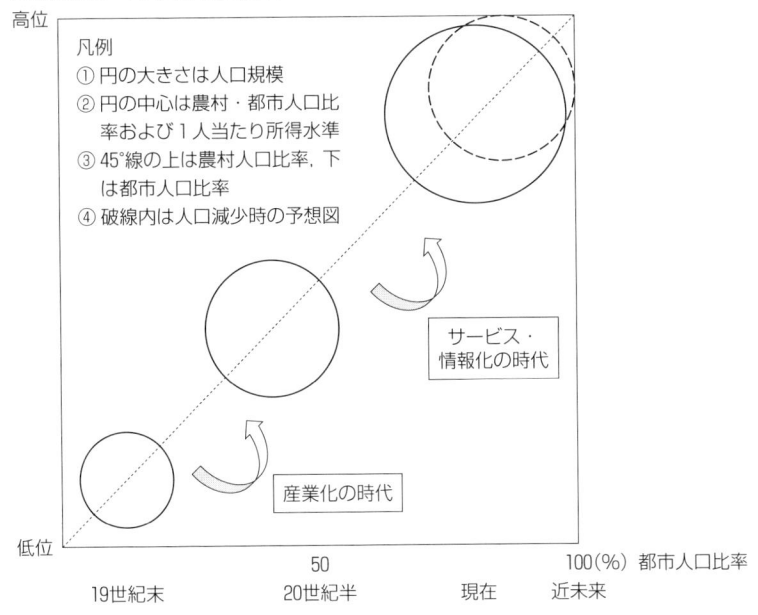

図序-1　農村社会から都市社会への転換と産業の変遷（日本社会の例）

出所：筆者作成.

居住となる. アジア全体では66.2％にとどまるが, 中国の都市人口比率は80％に達する. サハラ以南アフリカにおいても, 1950年当時の都市人口はわずか11.1％で農業社会であったことが窺がわれるが, 2000年までに31.4％に増加し, さらに2050年には58.1％となり都市人口が農村人口を上回ると予測されている.

　現在の高所得地域・国の都市化の過程を振り返ると, 農村から都市への人口流出は全体社会の大転換と並行した現象であることがわかる. すなわち, 農村に多くの人口が居住しかつ農業生産に従事して自らの生計を維持確保する経済から, 都市における産業の発達に伴い労働者として雇用されて生計を営む経済へと, 産業構造が大きく転換する. また, 一般に人口の増加を含む過程でもある. いまそれを, 日本の近代化の過程を参照して図示したものが, **図序-1**である.

　同図の横軸は，左端が19世紀末で，右端は現時点から近未来を示す時間軸である．縦軸は１人当たり所得水準（産業経済発展の度合い）ならびに農村と都市の人口比率（45°線の上側が農村人口比率，下側が都市人口比率）で両者の合計は100％になる．日本の近代化の初期段階は，農村人口が全体の９割を占め，都市人口はわずか１割に過ぎなかった．人口は明治初期で約3000万人弱であった．日本の場合，1940年代の前半に農村人口と都市人口の割合は逆転したが，その当時の総人口は近代化初期の２倍であった．その後も，一貫して都市化が進行し続け，2018年現在は都市人口比率91.6％，総人口は約４倍増の１億2719万人[2]となっている．現状のまま推移すると2050年の都市人口比率は94.7％に達すると予測されているが，すでに人口減少期に入っているため破線で示した円のように面積は縮小する．

　日本の場合，以上に述べた人口の農村居住から都市居住への大移動ならびに総人口の増大は産業転換を伴って進行した．そして，農業から工業への産業化を経て，さらにサービス・情報化へと産業構造の転換により，１人当たりの所得水準で示した産業高度化がもたらされた．しかしながら，世界の特に低所得地域や中所得地域が果たしてこのような経済社会の転換の経路を今後たどることが可能か否か．これがまさに，中長期的にみた途上国や中心国のこれからの経済発展の大きな課題ということができる．

　この場合，拡大し肥大化する都市や産業部門にとかく関心が向かいがちであるが，このような社会転換は農村や農業セクターにも大きな変化を及ぼさないわけにいかない．いやむしろ，かかる社会転換は農村や農業セクターの発展の契機であり，またそのような発展なしに，一国全体の社会転換は安定的に進展し得ない恐れがある．農村の開発や農業の発展は，このような観点からも今後とも重要な課題というべきであろう．

（２）　農村・農業部門をめぐる開発課題

　都市化への対応という農村・農業部門の新しい開発課題に加えて，従来から

さまざまに取り上げられてきた貧困削減・飢餓撲滅・栄養改善といった開発課題も，農村地域や都市の貧困地域を中心になお重要な問題として残されている．21世紀に入って以降，国際社会は千年紀開発目標（MDGs: Millennium Development Goals, 2001-2015年）に続いて，SDGs（2016-2030年）を定め，絶対的貧困の撲滅をはじめとする数多くの開発問題に取り組むことに合意した．

　特に，SDGsでは，第1番の目標に絶対的貧困の解消が取り上げられている．2030年までに，現時点で1日当たり1.25ドル未満の生活を強いられている人びとをあらゆるところからすべて無くす目標は，MDGs段階に一定の成果をみたところであり，2015年までに1990年時点の絶対的貧困人口の3分の1まで削減された．それでもなお，絶対的貧困人口は世界人口の11％，7億3600万人に達する．[3]

　上述した貧困削減の成果は，中国やインドの政策的努力が大きく貢献した．たとえば，中国の貧困ライン（2300元/年）以下の人口は近年著しく減少し，2016年には総人口の4.5％，4335万人（中国国家統計局農村社会経済調査隊編[2017]）と推計されている．これは，中国政府が1978年以降に対外開放政策を進め，これまでに年平均7〜10％程度の経済成長を実現させてきた成果である．しかしながら，それは，沿海地域と内陸地域，都市部と農村部，農村内部での格差や貧困問題を顕在化させるものであった．

　これらの経済格差問題に対処するための「三農問題」キャンペーンは，農業・農村・農民の低所得問題に対する政策対応のシンボルとして世界的に知られている．確かに，2000年の「西部大開発」の実施いらい，調和社会への軌道修正を目指した政策推進に移行してきた．けれども，中国においては，社会主義国家樹立のため，またそのための重工業優先政策，さらにそのための農村が都市に従属する都市＝農村関係が人為的に形成されてきた経緯がある．このため，都市と農村との地域格差や農村貧困問題が単純に解決されたとは言いがたい．今また，「一帯一路」構想が大規模に推進されるならば，それは中国経済の先進国化を促進させる面と同時に，貧困の程度のかかわりなくすべての農村

地域から大規模な人口流出を含む未曾有の影響を及ぼす側面も否定できず，中国農村はかつてない岐路に立たされるものとみられる．

　以上にみるように，農村・農業部門の開発課題は，貧困削減に代表される従来からの課題とともに，またそれと連続するように農村・都市（農工）間の格差問題が次なる課題として立ち現れているのである．このため，農村居住者に対する生産や所得の向上を生活向上に着実に結実させる努力がこれまで以上に強く求められているということができる．

（３）　日本の農村開発の経験

　ここで，日本に目を向けると，明治期以降，数多くの農業増産政策がとられてきたが，それと歩調を合わせて各種の生活改善運動が展開されてきた．なかでも第2次世界大戦後の農家や農村の生活改善は，貧困問題の解決や物的な改良を促進しただけでなく，家族生活や社会生活面での人間的成長も促した．そして，その運動の担い手であった農村女性たちは，個人としても，またグループとしても，いまの日本の村づくり，まちづくりに大きな役割を果たしている［水野　2002：47］．

　こうした農家・農村の生活改善がもたらした効果の重要な側面に人間開発がある．これは，生活改善がその後の日本経済の高度成長に対する農村・農業の適用力を醸成する社会的準備の役割を果たすものであった．このことは，農家・農村の生活改善が，社会の貧困脱却段階はいうに及ばず，中進国化段階や先進国化段階を通じて，農村開発のための有効な手法や目的を提示するものであることを示している．

　本書は，このような問題認識の下，第2次世界大戦後の日本の農村生活改善の経験——それは，その優良事例をそのまま，各国の農村地域の開発や生活向上へ向けて発信するのではなく，「失敗や苦い経験を含めた日本の過去をできるかぎりありのままで分析対象とし，（中略）……そこから現在の農村開発実践に介入する際のアプローチ方法に対する教訓を引き出すこと[4]」——を通じて，

その経験や教訓が，今後の各国における農村開発にどのように活かせるのかを
考察することである.

1　研究目的・内容

（1）　戦前・戦後日本の生活改善運動

　第2次世界大戦後，連合国軍総司令部（GHQ: General Headquarters for the
Allied Powers）が対日占領政策のもとで農村民主化を推し進めた結果，日本政
府は農地改革を断行するとともに，農業協同組合および農業普及制度を導入し
て食料増産に着手した. このうち農業普及制度については，1948（昭和23）年
の農業改良助長法を通じて，農業改良，生活改善，農村青少年育成などの具体
策が実施された. 農林省（現・農林水産省）の資料によれば，生活改善とは，農
家の生活技術の向上を通じて，農家の生活をよりよくし，考える農民を育成す
ることを目的としている［農林省 1957］. 農村における生活改善を行うために，
生活改良普及員，そして彼らを指導する生活改善専門技術員が各地の農業改良
普及所に配置された.

　ところで，日本の農村においては，幕末・明治初期から昭和戦前期を通じて，
さまざまな内容と形式で生活改善（の要素を含む）運動が，少なからず取り組ま
れてきた. たとえば，① 報徳社運動，② 町村是調査運動，③ 地方改良運動，
④ 農山漁村経済更生運動，⑤ 戦時体制期の運動である. これらの生活改善運
動には，およそ次のような特徴があった.

　第1に，このすべての生活改善運動が社会の混乱・不安定期の農村において
展開されたことである. 第2に，各運動における生産と生活改善との関係であ
る. つまり，風俗矯正（改良），旧慣弊習の矯正（冠婚葬祭や通過儀礼の簡素化），
勤倹貯蓄という精神運動的性格が強いことであり，節約，修身，道徳，倫理，
消費悪徳が行政指導の下に全面に押し出されたことである. 第3に，生活改善
運動の農村地域における受け皿組織に関する特徴である. 多くの場合，地主層

表序-2 第2次世界大戦後の農村社会開発セクター事業とその普及浸透機関

機 関	政策の分野	主要な事業	普及浸透機関
農林省	農業改良普及	生活改善普及事業	農業改良普及所・農業改良普及員・農業関係専門技術員・生活改良普及員・生活関係専門技術員
厚生省	栄養行政保健衛生	栄養改善・食生活改善力とハエのいない生活（衛生昆虫駆除）	保健所・保健婦・民衆組織活動・地区衛生組織活動・栄養士・栄養相談所・栄養指導員・食生活改善推進員
文部省	社会教育	公民館活動婦人学級・青年学級	公民館・公民館分館・社会教育主事
労働省	婦人青少年対策	婦人年少労働者保護	婦人少年室・婦人少年協助員

出所：水野［2002：41］.

や中央や地方政府の機関が推進役となったが，農村の末端では集落組織が受け皿となり，地域ぐるみの取り組みとして履行された．第4に，生活改善活動の分野の多様性という特徴である．それぞれの運動の時期によって力点は異なるが，医療施設の提供，公共浴場の設置，台所改善，かまど改善，農繁期の保存食つくり，栄養改善，母子保健などの多様な分野が含まれていた［水野 2002：39-41］.

　その後，戦後復興期に，農村ではさまざまな運動や取り組みが実施されたが，そのうちの生活改善普及事業は GHQ の指示・指導に基づいて実施された「農村民主化」政策の1つであった（表序-2）.そして，農業改良助長法に基づき，農業と農民生活に対する科学的技術および知識の普及を目的に「農業改良，生活改善と並んで，農村青少年クラブ活動の育成を3つの柱」［農林省大臣官房総務課 1973：923］とする事業が推進された．農家の生活改善の主たる目的は，農家の生活技術の向上を通じて，「農家の生活をよりよくし，考える農民を育成していく」［農林省振興局生活改善課 1957：21］こととされた．その背景には，「従来の生産さえ向上すればおのずと生活が向上するという生産中心の考え方ではなく，生産向上と生活向上は対等の関係にあり，生活問題の解決や向上が生産活動の向上にもつながるという考え方」［田部 1993：101］があった．このよう

に，生産の改良と生活の改善との連携協力を図っていたことは，今日の縦割り行政が強い途上国の農村開発にとって非常に重要な点である．

　これらの目的を達成するため，1952年の改正農業改良助長法は農村現場に配置される改良普及員に対して，「あらゆる機会に，その受持区域内の農家の間を巡回し，農業上の改良や生活改善上必要な知識や技術を伝えるほか，農家の相談相手になるように強く指示」［農業改良普及事業十周年記念事業協賛会 1958：83］した．このことは，「この事業の精神が従来の補助金と権力による天下り式の農業技術指導を反省し，技術指導を通じた自主的農民の育成，農民の教育にあること」［同上書 1958：83］を強く表現するものである．そのため，普及事業は食料供出とは一線を画して実施され，またラジオ放送や印刷物の配布による普及も行われた．

　生活改善普及員は，制度発足当初は全国で262名にすぎなかったが，1957年までに1505名に増員され，1964年には2182名に達した．同様に，生活関係専門技術員は1950年の16名から1964年までに224名に増員強化された．こうして，生活改善普及事業は，一方では農家や農村に農林省の施策を配達する機関を形成するとともに，他方では，女性グループの組織化による受け皿組織を構築していったのである．そして，大戦後の生活改善普及事業を戦前のそれと対比した場合，本書の第4章でも述べているように，手段（生活の質的向上をめざす）であり，かつさまざまな活動を通じた人づくり，すなわち「人間開発」という特徴をもっていた［水野 2002：41-42］．

（2）　先行研究

　本書で特に取り上げる第2次世界大戦後の日本の農村で履行された農家の生活改善普及事業については，農村社会学，農業経済学，農業経営学，農業普及学，家政学，農村生活研究などを専門とする研究者がそれぞれの学問的関心から研究に取り組んできた．しかしながら，今日の途上国の農村開発問題や開発研究，あるいは日本の開発経験の研究といった視点から大戦後の生活改善を取

り上げた研究はまだ新しく，そのためまとまった研究はまだなされていないのが実情である．そこで，以下では，本書の問題関心にとって必要と思われる点に留意して関連研究のレヴューを行うことにする．

　生活改善普及事業の基礎になっている農業普及制度は，前述のように GHQの指示の下に導入したものであった［佐藤 2001］が，この普及制度について，これまで多くの研究成果がある．たとえば，田部浩子は，家政学の立場から，特に当時の農村生活の変容，生活改善の普及に焦点を絞り分析している［田部1998］．また天野は，生活改善普及事業の内容を詳細に記述し，その役割と女性がどのように扱われたのかを論じている［天野 2001］．

　一方，最近の研究を紹介すると，中間由紀子らは生活改善事業（考える農民を育成する）に対して，事業の実施主体である自治体はどのように対応し，またそれは自治体によって異なるのか，もし異なるとすれば，なぜ異なったのかといった問題設定の下で，鳥取県と島根県での事例分析を行っている．その結果，島根県は「生活をよりよくすること」に重点を置き，鳥取県は「考える農民を育てる」といった農林省の基本方針に従ったとし，その違いを農林省との人的関係の度合い（鳥取県が強い）にあるとしている［中間・内田 2010］．

　また太田美帆は，生活改善普及事業に関して，その事象ではなく，アクターに着眼点を置き，それぞれのアクターが「何をしたのか　どう動いたのか」を，普及事業発足後（1948-1960年頃）を対象期間とし，また北海道から沖縄までを対象地域として分析している．結論として，普及員（アクター）らが，人びとの気づきを促し，気づきが人びとから遊離しないように組織を育て，さらに気づきから生まれた人びとの活動が行政からも遊離しないように，彼らの活動の支援体制を構築したことなど，3つの特徴を挙げ，そうしたアクターの役割があったからこそ，地域全体を含む農村開発への取り組みへと導くことが可能であったと述べている［太田 2004］．

　さらに，小國和子は，農村開発のアプローチとして，自らのフィールドワーク対象地域（カンボジア）で，日本の生活改善の教訓や経験を紹介している．そ

こで，明らかになったことは，農村での社会開発には，外部資源を担保して行うための「失敗する学習機会」が必要であること，また住民自らが，どのように技術の適正さを判断し，社会の固有性に配慮するためにも，「失敗しても生活を続けられる余裕」を外部者（ファシリテーター）が技術的にサポートすることである．そうすることで，生活に深刻なダメージを与えずに低リスクで住民自らが選んだ課題にチャレンジできると述べている［小國 2007］．

　以上のように，日本の生活改善普及事業に関する既往の研究の多くは，生活改善普及事業の下で活動していた生活改良普及員や専門技術員たちが農村での生活改善にどのような役割を果たし，限界はどこにあったのかなどを，事例調査研究などを通じて明らかにしてきた．

　その一方で，最近，日本の生活改善の経験を途上国で応用するといった試みも，増加傾向にある．生活改善実行グループの活動を通じて事業実施能力や技能を培われた女性農業者の多くが，その後，各地域のまちづくりや村おこし（一村一品運動なども），農村活性化の中核を担う存在として活躍している．またこのような日本の地域づくりの経験を，単なる国際交流の域を越えて，途上国に適用可能な地域開発活動の事例として，国際協力に積極的に役立てようとする調査研究も存在する［国際協力機構 2003；西川 2002；佐藤 2002］．

　他方，開発学の視点から生活改善を取り上げた研究も徐々に増加する傾向にある．その端緒は佐藤［2001］であり，同書によって「農村生活改善」に開発研究の光が当てられるようになった．翌2002年，水野ほか「戦後日本の生活改善運動にみる参加型開発」（国際開発学会，特別研究大会，名古屋大学）の口頭報告があり，同年『国際開発研究』（第11巻第2号）誌上で特集「戦後日本の農村開発経験」が組まれた［佐藤 2002；水野 2002；山本 2002；中村 2002；板垣 2002；池野 2002］．同誌では，過去（『国際開発研究』第3巻，1994）に「開発と女性」分科会による「生活改善普及事業の研究」の報告が掲載されたことがあり，それ以来の生活改善研究となった．

　その後は，開発研究と開発実践とは車の両輪の関係にあることから，途上

国・地域への生活改善の導入や実践の試みにも研究勢力が割かれるようになり，たとえば，国際協力機構［2006］『技術協力コンテンツ「生活改善アプローチによるコミュニティ開発」』はその一例である．その後は，このコンテンツを活用した研修事業が本格化した．その研修受講者が帰国後に普及の現場で取り組んだ関連の活動については，本書の後半の各章で取り上げられているとおりである．

2 本書の構成

　本書は，全体で10章の構成である．第Ⅰ部では，日本における農村生活改善から今日の農村開発に対する学びや教訓を明らかにする．また第Ⅱ部では，日本の農村生活改善の経験から導かれた生活改善アプローチが世界各地でどのように導入され，普及しているか否かを分析する．以下に，各章ごとの要点を紹介する．

　第1章は，第2次世界大戦前と大戦後の時期の生活改善の比較に基づいてそれぞれの特徴を明らかにする．さらに，大戦後の農業普及の一環として実施された生活改善普及事業の最初の10年間の取り組みを分析し，現在の開発研究の視点から日本の開発経験としての（農村）生活改善の意義を検討している．そして，政府・資本（大戦前期は地主）側からのトップダウン方式ではなく，現場主義に徹して日常生活の実態を踏まえた生活向上の方式（カイゼン）こそが，農家生活の貧困問題を克服する上で重要な役割を果たしたことを強調している．こうした取り組みや経験は，これまで，開発研究の視点から十分検討されてこなかった．大戦後の生活改善は，農家女性の生活改善実行グループ活動を促進することにより，カイゼンを実践する人づくりにも貢献した．その生活改善活動の実践方式から生活改善アプローチと呼ぶべき開発方法を導くことができると結んでいる．

　第2章は，生活改善の先進地である山口県を対象に，元生活改良普及員ならびに生活改善実行グループの活動歴を持つ農家女性のライフヒストリーに基づ

き，過去数十年にわたる取り組みを紹介している．生活改善の実践者にとって生活改善は人生そのものということがよく理解される例である．山口県は生活改善を県農政の重点分野のひとつに位置づけてきた．そうした枠組みの下で，生活改善実行グループ，リーダー，そして普及員がまとまりをもって活動を行ってきた．そして，聞き取り調査結果から，生活改善実行グループは集落を基盤に仲間が集まり，仲間で話し合って目的を設定するため，グループごとに目的やリーダーの役割も異なる．何を行うかは，地域社会の間での"関係性"のなかから生まれてくるものとしている．

　第3章では，1960年代以降に展開された宮崎県綾町の自治公民館制度の内容とその役割に着目して，当時の統計資料や地方史などを用いて，農村振興における組織や人材ネットワークの役割を明らかにしている．特に，自治公民館制度が行政から比較的自由な環境のなかで，集落単位で形成された各農家の思考力や創造性を引き出せたのかどうか．またそれを土台に実施された一坪菜園や一戸一品の役割とはどのようなものであったかが検討されている．また明治35年に宮崎県北諸県郡庄内村で開田事業を指揮した経歴を持つ石川理紀之助の「適産調」（内発的な農村開発計画）との比較も試みている．検討の結果，① 自治公民館制度は当時の町民の健康管理・教育活動の促進，またそれに伴う町財政の負担軽減，そして公民館長をはじめとした人的なつながりの形成が達成されたこと，② それは「適産調」とも共通点を有し，現在の綾町での農村振興策にも活かされていることを明らかにしている．

　第4章では，日本の農業改良普及事業において生産とならぶ車の両輪として推進された生活改善の取り組みから導かれた生活改善アプローチの特徴を，さまざまな側面から明らかにしている．そして，改善という変化の型，改善活動の実践者の人間開発的側面，生活改善活動のエントリーポイントの多様性，改善活動の総合性，長期性などについて，事例も交えて明らかにしている．最後に，今日の途上国の農村開発を念頭に置いた生活改善アプローチの意義を指摘している．

　第5章は，中国の貴州省三都県において実施された住民参加型総合貧困対策モデルプロジェクトにおいて，日本の地域保健を通じた生活改善による農村開発活動の手法を適用したケースを取り上げている．そして，生活改善アプローチの適用を可能にするための課題として，① 各レベルの行政機関の継続的な取り組み，② 生活改善活動を支援する機関・組織などの整備と農村住民組織が生活改善に取り組むための支援，③ 生活改善の専門スタッフの養成，④ ボランティア組織の育成により行政の指示を待たずに住民の自主的行動を育んでいくこと，としている．

　第6章では，中国貴州省（道真県，雷山県）貧困対策プロジェクトにおいて日本の農村生活改善の経験や方法を導入した事例を取り上げている．そして，プロジェクト実施県における住民アンケート調査結果に基づいて，第1に生活改善と村民組織化を中心テーマにした住民意識・態度・行動を分析している．第2にプロジェクトの事業内容と日本の生活改善活動とを比較し，プロジェクト活動の有効性や課題を考察している．第3に日本の経験との比較では，実施機関の違い，専門スタッフの有無，対象住民，住民組織の違い，アプローチの方法と生活改善の内容などを検討している．最後に，中国で生活改善の効果が見込まれるかどうかは，これらの要素・組織の存在やその継続性が鍵になると指摘している．

　第7章では，西アフリカでの事例を通じて，生活改善の役割と課題について，検討している．戦後70年が経過し，日本国内の一部には“生活改善不要論”が叫ばれる中で，筆者はその意義について，長年，アフリカでの援助事業に取り組む中で，再検討を試みている．そのアフリカでは，日本で国際協力機構（JICA）が実施した生活改善研修を受講し帰国した普及員の現地活動を通じて生活改善が取り組まれている．分析に取り上げられた清掃活動に取り組む集落の事例では，住民の参加が目覚ましく，政府予算不足など制約条件は限りなく大きいが，生活改善の可能性が示唆される．

　第8章は，中南米の10以上の国々において実施されている生活改善実践の経

験を分析対象にしている．この場合も生活改善の導入は国際協力機構が実施する生活改善に関する研修事業であった．著者は，生活改善に対する受講研修員の理解度，生活改善プロジェクト参加者の「生活改善」の理解，評価などについて考察している．具体的な事例としては，コスタリカ，エルサルバドル，ドミニカ共和国，ニカラグア，パラグアイでの生活改善事業の成果や課題などを検討している．

　終章では，本書の各章で分析検討し明らかにされた点を踏まえ，結論を導いている．ついで，生活改善アプローチが今後の世界各地域・国における農村開発手法としていかなる意義や価値をもつかといった観点からインプリケーションを指摘する．

注
1）　UN, Department of Economic and Social Affairs, Population Division [2018: Profile 2].
2）　UN, Department of Economic and Social Affairs, Population Division [2018: Profile 1].
3）　UN, The Sustainable Department Goals Report 2018.
4）　太田 [2004] を参照.

参 考 文 献
天野寛子 [2001]『戦後日本の女性農業者の地位――男女平等の生活文化の創造へ――』ドメス出版.
池野雅文 [2002]「戦後日本農村における新生活運動と集落組織」『国際開発研究』11(2).
板垣啓四朗 [2002]「農業・農村の発展を推進した農業協同組合の役割――高度成長期を中心として――」『国際開発研究』11(2).
太田美帆 [2004]『生活改良普及員に学ぶファシリテーターのあり方――戦後日本の経験からの教訓――』（報告書）国際協力総合研修所.
小國和子 [2007]「農村生活への働きかけ」佐藤寛＋アジア経済研究所開発スクール編『テキスト社会開発――貧困削減への新たな道筋――』日本評論社.
国際協力機構 [2003]「地域おこしの経験を世界へ――途上国に適用可能な地域活動――」
佐藤寛 [2001]「戦後日本の生活改善運動」，菊地京子編『開発学を学ぶ人のために』世界思想社.
――――― [2002]「戦後日本の農村開発経験――日本型マルチセクターアプローチ――」

『国際開発研究』11(2).

田部浩子［1998］「農村生活の変化——生活改良普及員の果たした役割——」『日本人の生活』日本家政学会創立50周年記念出版，建帛社.

———［1993］「生活改善普及事業の変遷」，日本農村生活研究会編『農村生活研究の軌跡と展望』筑波書房.

中間由紀子・内田和義［2010］「生活改善普及事業の理念と実態——山口県を事例に——」『農林業問題研究』178.

中村安秀［2002］「農村における公衆衛生の推進——母子保健を鍵にして途上国への応用可能性を考える——」『国際開発研究』11(2).

西川芳昭［2002］「国際協力と我が国の地域開発の連携」JICA・平成13年度 JICA 客員研究員報告書.

農業改良普及事業十周年記念事業協賛会［1958］『普及事業十年』農業改良普及事業十周年記念事業協賛会.

農林省［1957］『10年になる農家の生活改善事業』農林省振興局生活改善課.

農林省大臣官房総務課［1973］『農林行政史 第十巻』.

水野正己［2002］「日本の生活改善運動と普及制度」『国際開発研究』11(2).

———［2003］「戦後日本の生活改善運動と参加型開発」，佐藤寛編『参加型開発の再検討』アジア経済研究所.

山本敬子［2002］「簡易水道と農村生活改善運動——開発途上国援助に応用するための日本での住民参加型アプローチ経験の分析——」国際開発学会「第13回国際開発学会全国大会報告論文集」.

UN, Department of Economic and Social Affairs, Population Division ［2018］ World Urbanization Prospects, File1, File2: The 2018 Online Edition.

UN, Population Fund ［2007］, World Population（2007）（ジョイセフ『世界人口白書(2007)』）.

第 I 部

日本の農村生活改善からの学び

第1章

日本における農村生活改善の展開

はじめに

　日本の農村開発の歴史的な展開の中で，「生活改善」のコトバを使用するか，あるいは使用しないまでも内容において「生活改善」とみなすことが可能な政策介入が，いつごろ，どのような形で行われてきたのか．また，それぞれの場合において，「生活改善」というコトバに誰がいったいどのような意味内容をこめて履行しようとしたのか.

　これらの問いかけは，農村開発における「生活改善」のそもそもの意義および役割を明らかにするうえで，たいへん基本的な情報をわれわれにもたらしてくれるものと思われる．なぜなら，本書が全体を通じて明らかにしようとする第2次世界大戦後の日本で農業改良普及の一環として取り組まれた農家生活改善事業における「生活改善」の本質的な意味や役割，ならびにそれらが有する開発途上地域の農村開発に対する含意を明らかにするうえで，不可欠と考えられるからである.

　そこで，まず，次節において第2次世界大戦前期の日本の農村を対象にして行われた地域開発政策の代表例を取り上げ，そこで意図された「生活改善」にみられる特徴を明らかにする．そののち，第2次世界大戦後の農業改革の一環として開始された農業改良普及事業の一部を構成した生活改善普及事業を取り

上げ，そこで実践された「生活改善」の内容や実施方法について検討し，その特徴を明らかにする．

1　第2次世界大戦前の農村生活改善

（1）　農業・農村不況対策で導入された生活改善

19世紀末以降の日本の近代化の過程を振り返ると，資本主義経済の不況期に農村は疲弊し，農民生活は苦境のどん底に陥り，農業不況対策の一環として「生活改善」を含むさまざまな政策介入がなされてきたことがわかる．それらは，1883（明治16）年の松方デフレを契機とする農業不況期，日露戦争後の不況期（1910年代），そして昭和恐慌から第2次世界大戦下の戦時経済体制期（1930年代～40年代前半）である．これらの経済不況・混乱期に全国的な規模で取り組まれた「生活改善」として，以下の3つを取り上げることにする．

①　町村是調査運動（1880年代後半～1900年代）
②　生活改善同盟会による農村生活改善（1920年代～）
③　農山漁村経済更生運動から戦時体制下の生活改善（1930年代～40年代前半）

つぎに，それぞれの運動が政策的に推し進めた生活改善の内容をみていくことにする．

（2）　農業不況対策で推進された生活改善の内容

1）　町村是調査運動

町村是調査運動は，1880年代（明治20年代）から1920年代半ば（大正末期）に至る約30年間にわたって取り組まれた「農村計画設定運動」［祖田 1971：14］であり，また明治以降の最初の地域農業振興運動［田中 1977：52］ともいわれている．農事調査とも呼ばれるこの運動は，村是と呼ぶ一種の農村計画書を策定しその履行を図るものであった．1894年に福岡県下で策定された村是および郡是

が最初とされ，それ以後1919（大正8）年までの間に全国で1200余の町村是が完成していたとされる［祖田 1971：14-15］．

　初期には農会主導の「民間運動的色彩」を有していたこの農村計画設定運動は，内務省が日露戦争後に推し進めた地方改良運動に取り込まれるようになった結果，形式的かつ画一的な計画書が編まれる「官製運動的色彩」［祖田 1971：18］の運動に転化した．ここでは，町村是調査運動の模範村のひとつとされる愛媛県温泉郡予土村（現在は松山市に編入）の村是（1901〔明治34〕年策定）を事例に，この初期の村是に盛り込まれた生活改善に関係した計画内容をみていくことにする．

　『予土村是』は，「統計調査之部」ならびに「沿革調査之部」を踏まえて，計画に相当する「将来之仮定」［森 1909：237-40］の3部構成をとり，農業振興なくして村の産業発展なしの根本的考えに従ったつぎの8項目を定めている．

① 風俗矯正：風紀委員を選定し，一層の村民感化に努めること
② 勤倹貯蓄：貯金増強のため，村費からの奨励金支出ならびに村役場による貯金管理
③ 共同購入：肥料・種子の廉価購入ならびに将来的に購買・販売組合を組織化する
④ 小作保護：田畑所有反別に基づく現物拠出の小作保護10年基金積み立てと利子による小作農民の支援
⑤ 土地改良：洪水防止・排水改良等による二毛作地の拡大
⑥ 児童教育：高等小学校の村内設置
⑦ 青年教育：農業の科学的知識を与える実習の実施
⑧ 織物改良：副業の改良（染色，品質，意匠）による名声と信用を維持し将来的に産額を増加させる．

　この計画の策定および実施においては，3つの大字からなる行政村としての予土村役場の関与を担保するため，上記の8つの項目ごとに規則，規約を定め

て実践に移された.

　この農村開発の計画書には「生活改善」の用語は用いられていない. しかしながら, 農業振興のために, 生産的側面の貯蓄（と投資の）増強, および（それを下支えするために）消費的側面の節約の強化を無条件的に接合する思考と行動の様式が組み込まれていた. この意味で, 消費生活面での節約の強制強化とその手段としての「生活改善」が, 暗黙の裡に村の経済発展計画の重要な要素として位置づけられていたということができる.

２）　生活改善同盟会による農村生活改善

　生活改善同盟会は, 文部省（当時）の所管の財団法人として1920（大正9）年に設立され, 昭和恐慌期まで活動を続けたが, 1933（昭和8）年に財団法人生活改善中央会に改称・改組された［久井 2007：172］. この同盟会は, 第1次世界大戦後の都市部を中心に「国民生活改善」を掲げて運動を開始した. その運動の特徴として, 特に遅れているとみなされた人びと（一般国民）の日常生活＝暮らしの要素を廃止させるか, もしくはヨーロッパ式に変換させること（たとえば, 太陽暦の徹底, 時間励行, 座敷式から椅子式への変換奨励など）が, 欧州列強に伍して一等国化した日本の国際的地位にふさわしいとみなす拝欧主義に基づいていたことが指摘できる.

　しかしながら, 「一般的原則では農村にしっくり適合しない」との批判にこたえるため, 1924年から調査研究が始められ1931（昭和6）年に『農村生活改善指針』が取りまとめられた. そして, 「農村の疲弊はなはだしき今日, ……（中略）……本書がひろく世の参考に供せられて, 家庭生活の改善ならびに共同への生活に一新生面をひらき, 真の農村文化を建設するに至らんこと」［生活改善同盟会 1931：2］を願うものであるとした.

　そこで, 内務省と文部省の両省から特別補助金を得て, 財団法人生活改善同盟会が定義した, 農村を対象とする「生活改善」の内容をみていくことにする. しかしながら, この翌年の1932（昭和7）年から農山漁村経済更生運動が全国的に展開され, 1941（昭和16）年1月に廃止されるまで続けられたことから,

この同盟会が提示した農村版「生活改善」の実践機会は，つぎに取り上げる経済更生運動期と重なる点に留意する必要がある[1].

　表1-1は，『農村生活改善指針』にもりこまれた5分野（社交儀礼，衣服，食事，住宅，衛生）全66項目におよぶ生活改善活動のメニューの一覧である．特に目立つのは，「社交儀礼の改善」であり，これには8小分野全41項目が含まれている．その特徴として，農村の習俗や生活慣行をほぼ無条件的に遅れたもの，弊習（悪い習慣やしきたり）として退け，廃止を求めている点，その一方で国家主義的な儀礼の励行の強調と押しつけを図る点，時間尊重・定時励行は生活改善の根本として強調している点，ならびに公共の場にふさわしい社会的しつけの欠落の指摘および文明人として礼儀（社会的マナー）を身に着けることを強調している点などを，挙げることができる．また，他の4分野については，合理

表1-1　『農村生活改善指針』による生活改善項目一覧

⑴社交儀礼の改善

【結婚】
　① 婚約をなすに，相互の性格，健康等の調査を厳密にすること，② 新婦および婿養子の入籍は，結婚式後すみやかにこれを行うこと，③ 仕度調度はかなり簡素を旨とすること，④ 結婚式は神聖の場所において行い，披露の会は簡素を旨とすること，⑤ 結婚前後の各種儀式や宴会も質素または省略すること，⑥ 祝儀品は実用に重きをおくこと．

【葬儀】
　① 葬式は厳粛簡素を旨としみだりに多数の神官役僧を聘（へい）する等の風を改めること，② 葬式の時刻は必ず正確に守ること，③ 霊前の供物を質素にすること，④ 葬式に伴う飲食は質素を旨としできるだけ省略すること．

【仏事祝祭日】
　① 家庭の仏事祝祭の招待は近親者に限りかつ，その設備を質素にすること，② 共同の仏事祝祭，催し事などもかなり質素にとり行うこと，③ 国家の祝祭日をいっそう鄭重にとり行うこと．

【贈答】
　① 一般に贈答ならびに配り物などの場合を少なくすること，② 交換等の贈答を廃すること，③ 餞別・土産物等はなるべく実質を旨とすること．

【宴会】
　① 宴会はなるべく食卓飯台を使用すること，② 食物は簡素を旨としみだりに多数をそなえざること，③ 飲食は定刻に始めなるべく早く切り上げること，④ 宴会にはみだりに酒をすすめず，酒杯の献酬を廃し挙杯をもってこれに代えること，⑤ 飲食中みだりに席を離れぬこと，また舞踏等の余興は食事の前後においてすること，⑥ 主人または司会者はあらかじめ来会者の席次ならびに挨拶等の次第を定めおくこと，⑦ 宴会はなるべく度数を少なくし，飲食よりも社交に重きをおくこと．

【訪問接客】
　① 人を訪問するには不意に迷惑のかからぬようにしたい．訪問の場合にはあらかじめ日取りの打ち合わせを行うようにしたい，② 訪問は閑時を選ぶこと，③ 簡単な用件は立話で済ますようにしたい，④ 用事の訪問は挨拶よりも用件を主としなるべくすみやかに切り上げるようにしたい，⑤ 来客は待たせぬようにしかつ接待を簡略にすること，⑥ 食事に招いた場合のほかは来客にみだりに酒食を供したり菓子を出したりせぬようにしたい，⑦ 送迎は簡易にしなるべく近親者に限るようにしたい．

【年賀回礼】
　① 年賀状は簡便でしかも誠意をこめたものにしたい，② 年頭の挨拶を親しく交換する機会を設けかつこの場合は年賀状および回礼を省略したい，③ 年頭の回礼はなるべく七日内に止めるようにしたい，④ 特に招待した場合のほかは年賀の客に酒食を出さぬようにしたい．

【公衆作法】
　① 停車場，劇場，寄席など，公衆が順々に用を弁ずべき場所では，厳重に秩序を重んじ順番を乱さぬこと，② 群衆雑踏の場合は常に弱者をたすけ，幼者老人婦人等に路や席を譲ること，③ 汽車，電車，寄席，劇場，会堂などで他人に迷惑をかけ不快感を与える行為を慎むこと，④ 公衆出入りの場所でみだりに不要物を捨てたり，痰唾を吐いたり，口鼻を覆わずして咳くしゃみ等をし，あるいは禁止の場所で喫煙せぬこと，⑤ 集会の時刻は多数者の都合を考えて定め定時励行に努めること，⑥ 会食には特に服装・身体の清潔に注意し，かつ食事の際に音をたてぬこと，⑦ 儀式講演等の席ではみだりに戸を開閉したり，音を立てたり歩行したり談笑して静寂を破らぬよう心がけること．

(2)服装の改善
　① 衣服の機能性・活動性の重視，② 衣服の種類・枚数削減で被服費節約，③ 衣服地は木綿を奨励，④ 衣服地は無地，縞物を奨励，⑤ 幅広長尺の反物の利用，⑥ 洗濯手入れで清潔な衣服着用，⑦ 寝具に上敷きを使用し清潔保持，⑧ 男子の和装礼服は羽織（黒紋付）袴，⑨ 男子の労働服の規定，⑩ 婦人の礼装は吉凶とも無地紋付，⑪ 婦人の普段着の規定，⑫ 婦人の仕事着の規定，⑬ 衣服調製の際の注意事項，⑭ 子供服の規定，⑮ 男児の洋服の規定，⑯ 女児の洋服の規定，⑰ 嬰児服の規定，⑱ ゴム靴の推奨．

(3)食事の改善
　① 食物知識の向上，② 廉価で滋養に富む食品の選択，③ 自家生産物の活用，④ 食品栄養素の科学的配分の配慮，⑤ 外観よりも滋養と味優先の料理，⑥ 老人子供にも適する献立，⑦ 規則的な食事時間，⑧ 馳走の持ち帰り中止，⑨ 炊事場の改善，⑩ 飲酒喫煙の節制，⑪食器・食品は衛生的に取り扱うこと，⑫食品包装に古新聞・汚れた風呂敷の不使用，⑬食品は食卓の上に置くこと，⑭食事作法に注意し愉快にすること．

(4)住宅の改善
　① 家族本位の間取り，② 台所と茶の間の改善，③ 居室・寝間・台所の採光，通風，保温，防湿に注意する，④ 母屋と付属建物は別棟にすること，⑤ 防災構造に留意，⑥ 慣習にとらわれない宅地変更，⑦ 住宅地改良の留意点，⑧ 実用と美観に留意した宅地利用，⑨ 農村全体計画にも留意．

(5)衛生の改善
　① 寄生虫駆除，② 風土病の予防，③ トラホームの予防，④ 結核予防，⑤ 消化器伝染病の予防，⑥ 性病予防，⑦ 糞尿処理，⑧ 清浄な飲料水の利用，⑨ 清潔保持，⑩ 衛生施設の充実，⑪公衆衛生施設の向上．

出所：生活改善同盟会［1931］より筆者作成．

性，実用性，経済性の観点から慣習的な行為様式を排除するなどして，改善を求めている．

この「生活改善」の行きつく先の目標が何であるかは，この同盟会の設立の趣旨にうたわれた「国民生活から無駄を省き虚飾を除去して生活様式を改め，いっそう合理化を進めて生活を安定させ，活動の能率を増進して，国運の伸展に寄与すること」［生活改善同盟会 1931：135］によく表現されている．つまり，生活改善同盟会が唱導した「生活改善」は，生活改善に名を借りた日常生活面からの国民統制の強化を意図したものであった．

3）　農山漁村経済更生運動の生活改善

第 2 次世界大戦前の日本農村において全国的規模で取り組まれた農山漁村経済更生運動においても，「生活改善」が取り上げられた．この経済更生運動は，世界恐慌によって引き起こされた昭和恐慌に対して，農林省が時局匡救農業土木事業および米穀臨時措置とともに打出した農山漁村経済更生計画に基づいて行われた政策に基づいている．1932年から40年にかけて実施されたこの運動では，経済更生の指定を受けた町村に対して自らの地域の経済更生計画の策定が求められた．指定町村数は，1932（昭和 7 ）年度から1940（昭和15）年度までに合計9149町村に上った．

農林省が1932（昭和 7 ）年12月に定めた「農山漁村経済更生計画樹立方針」には，計画対象村の現状に十分留意し最も適切な計画をたて「徹底的ニ実行スルコトヲ要ス」［農林省 1932：14］として12大項目が掲げられている．この中で，農家の消費的側面に関する事業対象事項を挙げるならば，およそ次のようになる［農林省 1932：25-30］．

　㋐「農家経済の改善」

　　① 生活用品の自給，② 生活用品の生産および配給の共同化，③ 共同設備の普及充実（託児所，電気設備，水道，医療施設，冠婚葬祭用具，理髪設備，集会所），④ 農家収入の平均化（農林水産業の組み合わせ，農業経営組織の改善，副

業経営，販売方法の改善等による現金収入の連続化・平準化），⑤ 金融の改善・貯金の励行・負債整理，⑥ 農家収支の均衡および予算生活の実行（家計簿の記帳励行，支出平準化による収支均衡），⑦ 諸負担の適正（寄付金節約，部落賦役負担の均衡），⑧ 冗費の防止（因習廃止と無用の支出を省いて生活改善に努める）．

　㈣「農村教育，衛生，生活改善その他に関する農村諸施設の改善」

　① 農村教育の実際化（小学校，補習学校における地方産業の実際的知識の啓発，農村民の堅実精神の鍛練），② 青年教育の実際化（農村経済の実際に即した指導），③ 婦人教育の実際化（農村婦人に対する農村経済の実情教育および農村婦人たる自覚喚起），④ 農村衛生の改善（共同水道・医療施設等の普及，台所・厠の改善による農村衛生の改良），⑤ 農村生活の改善（住宅の改善，集会所・簡易図書館・簡易博物館の設置，農村の慰安設備，公休日の設定等による農村生活の改善向上），⑥ 農村社会状態の改善（農村人口に応じた開墾地移住の奨励，出稼ぎの連絡指導，村民の融和，地小作間の親善融和など農村社会状態の改善に努める）．

　また，1937（昭和12）年の日中戦争後の政治経済状況に経済更生計画を即応し補正させるため，「農村計画整備施設方針」が打ち出された．その中に農村生活改善の一項が設けられ，「国民精神総動員運動ノ方針ニ対応シ生活ヲ刷新シ全面的消費節約ヲ行ヒ物資ノ愛用ニ勉ムルト共ニ医療ナラビニ体位向上ノ諸施設ノ充実ヲ図ルコト，尚部落ヲ中心トシテ長期建設ニ即応セル生活様式ヲ確立スルコト」［農林省農政局 1943：32-33］とされている．戦時体制への移行過程において全面的かつ長期的な消費節約の遂行を「生活改善」の名において推進しようとした意図をうかがい知ることができる．

　ところで，農村経済更生計画が実施された農村現場においては，たとえば，更生運動の模範村とされる秋田県西目村では，村が率先して新経済政策を策定し，そのもとで「生活改善実行方法」を定め，「方針」「節約計画」「生活改善標準」「勤労奨励」「保健衛生」をその構成要素とする諸規定に従い，かつその実行を確実にするため集落レベルに指導担当者を置いて取り組んだとされる

［大鎌 2006：8-9］．また，茨城県下においては，経済更生計画書に，生活改善の実施事項，実施標準，達成目標などに関する「生活改善規約」が記され，「精神の作興」「冗費節約」に取り組んだとされる［和田 2014：91］．

　経済更生計画が農山漁村に与えた影響については，その効果が認められるとする報告は1734件で，そのうち最も件数が多いのは「生活改善」の効果であり，より具体的には集合時間の励行，冠婚葬祭の簡素化，宴会の開催数の減少，集会における飲食の減少，贈答品の改正，外出着の簡素化，私生活および公生活にわたり従来弊風と認められていたものの改良が，それぞれ指摘されている［農林省経済更生部 1934：56］．

　以上に述べてきたように，農村経済更生運動の計画策定においては，更生計画の一要素として，農村経済の改善とならんで農村教育，衛生，生活改善が位置づけられていた．そして，生活改善の活動内容としては，農村衛生分野として，共同水道，医療施設，台所改善，便所の改善などが含まれ，農村生活分野として，住宅改善，集会所，簡易図書館，慰安施設，農村公休日の設定なども含まれていた．しかしながら，経済更生運動における生活改善は，疲弊した農村経済への対応を最優先する国策の下で履行されたものであった．そのため，一方の農村収入増加の大命題に対する他方における全面的・長期的・徹底的な支出節約のひとつの柱としての役割が「生活改善」に強く課せられることになった．

　したがって，この運動における生活改善は，衣食住については標準生活を基準に節約，自制がうたわれた．その結果，冠婚葬祭は格好の節約対象にされ，礼式標準を設定して費用節約が推し進められた．つまり，生活改善により節約を果たし，副業を含めた収入増加との差額を少しでも増加させ，農家負債整理や農村救済を図ると同時に，戦時体制下の農村における節減・耐乏生活を維持存続させる役割を与えられていたということができる．

（3）　第2次世界大戦前の農村生活改善の特徴

　以上に取り上げた運動が取り上げていた農村の「生活改善」には，つぎのような特徴をみいだすことができる．第1に，すべての生活改善運動が経済不況下の農村を対象にして展開されたことである．町村是調査運動は，西南戦争後のデフレ政策を契機とする深刻な農村不況からの脱却を目指した地方産業振興運動という性格を有する．生活改善同盟会が推進しようとした生活改善は，第1次世界大戦の前後の日本の好況と不況の交代期にあたっていた．農山漁村を対象にして1932年から1941年にわたって展開された経済更正運動と，それに続く戦時体制下の生活改善は，昭和恐慌や国家総動員体制といった文字どおり農村経済の動揺と混乱の時代の国家政策であった．

　第2に，運動全体における生産と生活（あるいは生活改善の要素）との関係性に関する特徴である．上記で取り上げたいずれの農村振興計画運動も，産業振興，不況脱却，負債整理，勤倹貯蓄といった運動の性格から，農業増産に資すための農事改良，農業経営の改善，農家・農村経済事業の振興，副業奨励などに強く傾斜していた．このため，生活改善の要素は，風俗矯正（改良），勤倹貯蓄といった精神的運動の色合いが濃かった．総じて，生産の確保・増加のための消費節約という位置づけがなされ，その結果，勤倹，節約，修身，道徳，倫理，消費悪徳といった要素が行政主導の下に前面に押し出されることになった．このことは，特に農村経済更正運動および戦時動員体制下の生活改善において著しい．

　第3に，運動において取り組まれた生活改善活動の内容に関する特徴である．全国的規模で取り組まれた経済更正運動や戦時体制下の生活改善は，託児所，共同炊事，共同浴場，共同娯楽，かまど改善，保存食，栄養，母子保健，冠婚葬祭簡素化などの活動を要素として持っている．これらはすべて，戦後の生活改善にも活動のメニューとして取り込まれた．しかしながら，最も注目すべき点は，政策が一方的に「生活改善」の内容を定義して履行するものであったことから，農村住民や農家世帯員は「生活改善」の受け手としてしか捉えられて

いなかったということである.

第4に,「生活改善」政策の推進体制に関する特徴である. それは, 政府の上からの政策として農村地域に下されて推進された運動である点は, いうまでもない. そこでは, 政策が上から農村に下され配達されると, それを農村の人びとが下から受け取り, 自らのニーズに翻訳し, 適合させる受け皿組織とその機能が重要になる. 上記で取り上げた「生活改善」が運動として取り組まれてきたことと, こうした政策推進体制の在り方とは密接な関係を有している. 日本の農村においては, 一般に集落や部落と呼ばれる社会組織が農民と政府・行政機関とを接合する中間組織としての機能を果たしてきた. そうした農村の歴史的性格は「自治村落」として捉えられている (大鎌 [2006] 参照).

2 第2次世界大戦後の 農業改良普及事業における生活改善

(1) 農家生活改善普及事業の端緒

第2次大戦直後の日本の農業部門に対する政策は, 戦後改革の一環として執り行われた農業改革から始まった. 1945年から1952年まで続いた占領政策において, 連合国軍総司令部 (GHQ) の指示・指導のもとに展開された「農村民主化」政策は, 日本軍国主義を根底で支えていたとされる地主小作制の解体を目指した上からの農地改革 (1946年, 1949~1952年) から履行された. その結果, 平均経営規模 0.8 ha のおよそ600万世帯にまで膨れ上がった小規模家族制自作農民を独占資本から擁護する目的で導入されたのが, 農業協同組合制度 (1947年) であった. また, 都市住民の極端な食糧不足に対する対策としての食糧増産政策や開拓入植政策を推進するために, 農業改良普及制度が導入された. 以上が戦後農業改革の三本柱であった.

このうち, 農業改良普及制度においては, 産業団体の農会あるいは帝国農会 (1899年) による第2次世界大戦前の技術普及とはまったく異なり, 農業および農民生活に対する科学的技術および知識の普及を目的にし (農業改良助長法,

1948年)，普及事業が農民教育として再出発したことが強調された．また，農業改良普及事業は，世帯主＝男性農民のみを対象にしていた農会時代の普及制度と異なり，男性農民（世帯主，夫），女性農民（世帯主の妻，嫁）に加えて，農業青年（世帯主の長男，後継ぎ，将来の農民）も普及活動の対象にすえることとされた．農民を農家（農民のイエ）という社会集団ではなく，その構成員である個人として捉えようとした点に，新たな時代性をみることができる．

　農家生活改善普及事業においては，生活技術の向上を通じた活動の実践と，その担い手としての「考える農民」を育成することがうたわれた［農林省振興局生活改善課 1957：21］．また，生産活動と消費活動の両面から農民生活の向上を図ることが必要であるとする新たな認識も新たに強調された．それまでの農民世帯の慣習的で当然視されていた生活意識では，農業生産の収入は家（イエ）の収入とみなされ，家の収入は男性戸主の管理下に置かれ，農家の女性世帯員は金銭的支出に関して戸主の許可なしに行うことはできなかったし，また金銭的支出を切り詰めることは当然とする伝統的な倫理観が家政担当者を強く支配していた．第2次世界大戦以前の農業不況対策はこのような農民の行動規範を助長するものであった．女性農業者は，無給家族労働者ではあっても，自ら意思決定する消費者や生活者とみなされることはなかった．実際，東北日本の農民の世帯では，「嫁は角のない牛」と形容され，従順で（舅や夫という男性世帯員から）言われたとおり働き，贅沢を慎み，節約に努め，粗食に耐え，子を産み，育てることを当然とするジェンダー関係に支配されていたのである．

　生活改善の目的を遂行するため，農業改良普及員や生活改良普及員に対して，普及担当地域の農民世帯をできる限り日常的に訪問し，特に女性農業者に対して農業技術や新しい知識を普及伝達し，相談相手となり，女性農業者の要望や声を聞き取ることが奨励され（農業改良助長法，1952年一部改正），また生活改善に関するラジオ放送の番組や印刷物の配布という手段を通じて，当該事業の広報活動が強化された．ここにも，第2次世界大戦後の農業改革の一環として導入された農業改良普及がまさしく農民教育事業であったことが表れている．

（2）　初期の農家生活改善普及事業

　生活改善事業の展開を，『農林行政史第十巻』［農林省大臣官房総務課 1973 : 863
-911］により概観してみる．それによると，生活改善事業の組織的展開過程は，
普及組織体制の整備を基準に3期に区分され，それぞれ1）小地区期（1951-
1957年），2）中地区期（1958-1964年），3）広域期（1965-1968年）とされる．これ
をみると，生活改善普及事業が普及対象人口（特に女性農業者）と生活改良普及
員の定員およびその配置に基本的に規定されていたことが窺える．

1）　小地区期

　この小地区期とは，農業改良普及員（県職員）が市町村ごとに配置されてい
たことによる呼称である．生活改良普及員は，定員の増加が図られたとはいえ，
1957年度に県平均で33人にとどまり，1人当たりの平均担当町村数は2.5町村，
同じく1人当たり平均担当農民世帯数は4000戸であった．この時期は，生活改
善の何たるかを生活改良普及員自身が農民生活の実態把握の中からみつけ出し，
苦闘しながら活動を形成していった．この暗中模索の過程から，個別農家を対
象とした活動ではなく，グループを育成し，それを対象に普及指導を集中する
濃密指導方式が考案された．また，生活改良普及員は，国（農林省）や県（農業
改良普及所）が主催する研修を受講するとともに，同期の研修生同士が研修終
了後も連絡交流関係を保ち，これらを生活改善の重要な情報源として積極的に
活用してきた．こうした点に，生活改良普及員の使命感の高さが知られる．

　生活改善活動の主な領域としては，住宅設備の改善では，かまど，台所，給
水設備，風呂の改善などが，食生活の改善では，農繁期の保存食，粉食の普及
（米の不足基調に加え，アメリカ産小麦が援助物資から輸入食料として栄養改善指導の名目
で政策的に全国的に普及された歴史がある），農家世帯員の栄養改善のための小家畜
（ヤギ）の飼育などが，また作業着の改良やカ・ハエの共同駆除などが，それぞ
れ広く取り組まれた．ここで強調すべき点は，これらの生活改善が，生活改善
を行う農村女性たちの意思で選択された活動内容に基づいて実践されたという
ことである．他者が決定した生活改善活動ではなく，活動の中心主体が，生活

改良普及員の支援を得て自ら決定したということは，開発の主体みずからが開発を定義して開発に取り組んだことを意味する．つまり，この「生活改善」は，外部者が援助を通じて開発を途上社会に持ち込む既往の途上国農村開発の仕方とは全く逆の開発方式を採用していたことになる．

　生活改良普及員を技術的側面から援助する専門技術員は，普及制度発足の翌1949年から設置されたが，人員は徐々に拡充され，1954年からは各都道府県に2人となり，生活技術と普及方法（後に普及指導活動）をそれぞれ担当した．

2）　中地区期

　この中地区期は，1958年の農業改良助長法改正によって，全国に1586カ所の農業改良普及所が設置され，そこを拠点に普及事業が進められたことに始まる．また，1961年の農業基本法に基づく農業近代化政策の開始期と重なり，生活改善が新たな段階の課題に直面する時期でもあった．農工間の所得格差拡大を基本要因（向都移動による）とする農業労働力の減少，兼業化，農業労働の女性化や老人化，農村若年層の都市流出などにより，女性農業者の労働過重，健康障害，生活の粗雑化（兼業化深化による家政管理の手抜き等による生活の質の低下）などが大きな農村社会問題となった．

　この時期の生活改善では，栄養問題や健康問題，そして後の公害・環境問題の端緒となる諸問題の対応が取り組まれた．この背景として，化学肥料や農薬，除草剤，ホルモン剤の多投，温室やビニールハウス栽培の増加があった．つまり，農業の近代化がばく大な補助金に支えられて政策的に推進された結果，農業生産の化学化，装置化，機械化などが促進され，その悪影響が直接生産に携わる農民の健康被害として現れ始めたことを意味している．こうした特徴を有する農業の近代化は，男性中心の農政企画立案者のみならず，男性農業者の意思決定を中心に推進された．他方，主として女性農業者によって担われた生活改善の活動では，農業の近代化が及ぼす農民生活面への負の影響をいち早く感知し，近代化された農業生産の弊害に対する対策を生活改善課題として取り上げることにためらいはなかった．かかる出来事は，男性中心社会の中央政府の

農政担当者には及びもつかないことであった．これは，農業改良普及における
生産と生活の両輪性・併進性の意義や重要性を理解する上で，きわめて示唆的
な事実ということができる．

　この中地区期に生活改善グループ数は大幅に増加し，1964年には 1 万4927グ
ループ，総参加人数は30万人を超えた．そして，1964年には農業改良資金制度
（1951年創設）のなかに農家生活改善資金が設けられ，農業者やそのグループに
無利子資金を提供する途が開かれた．

3）　広域期

　この時期には，農村経済圏域の拡大に対応して普及組織の広域体制化が図ら
れた．農村人口の流出，農村の都市化，兼業の深化，出稼ぎの恒常化，農業後
継者問題の台頭を背景に，農林漁家の人びとの健康生活，女性農民の労働過重，
農村生活環境整備の遅れ，農村生活の魅力の増進がうたわれ，都市並みの生活
基盤整備，道路，上下水道，公共施設，衛生・福祉・文化的施設整備が図られ
る一方，農林漁家を対象にした健康生活管理特別事業や家族労働適正化特別事
業などが生活改善事業として導入された．また，個々の農家生活のみならず，
地域社会生活の改善も事業対象として取り上げられるようになった．

　1955年から1972年の日本経済の高度成長は，農業および農村を激変させるも
のであった．このため，高度経済成長期以降の生活改善には農民生活や農村生
活に対する都市的影響からの防衛的要素も加わるなど，戦後復興期とは全く異
なる内容の生活改善事業が推進された．1970年代以降の生活改善は，オイルシ
ョック，日本列島改造ブーム，米の生産調整の開始，農業人口の激減，農業部
門の相対的な縮小のみならず，女性農民や高齢者対策，農村環境問題，農民の
健康問題（高血圧症や神経痛といった伝統的な農村疾病のほか，新たに農夫症への対応が
加わった），過疎問題の深刻化やその後の村づくり・町づくりへの取り組み，そ
して1975年の「世界女性会議」を受けた国連婦人年を契機とする日本農業・農
村・農政における「女性」の発見に対応した各種の施策・事業へと，つぎつぎ
に生起する農業・農村問題への対応に追われた．

　特に，農業人口のいっそうの減少，農業・農村経済の空洞化がいっそう進む
中において，農村女性による生活改善活動は，農村における女性の起業や農村
情報化への対応，食料・農業・農村基本法（1999年公布，施行）の制定に伴う農
村振興・地域活性化への対応，そして，農業・農村の多面的機能の発揮，農村
と都市との交流事業の促進，新規就農・帰農・帰村の支援，地産地消，農家民
宿，農村観光，農家レストラン，地域の伝統食の見直し，一村一品運動の推進，
道の駅等の施設を拠点にした地域づくりや6次産業化策による地域振興の取り
組みなど，枚挙にいとまがないほど極めて多様な分野に拡大し続けてきている．
それらのすべての活動が，必ずしも生活改善の名称を冠して取り組まれてきた
わけではない．しかしながら，その取り組みの過程＝プロセスは，農家生活改
善で取り組まれてきた問題解決のプロセスに他ならない．

（3）　初期の農家生活改善事業の特徴

　農業改良普及制度の導入期から日本経済の高度成長の影響が農村に及ぶ以前
の時期は，農政の時期区分では戦後の民主化・食糧増産期から基本法農政の開
始までの時期であり，年代的には1949-1960（昭和24-35）年に当たる．この初
期の生活改善普及事業活動の特徴は，つぎのようである．まず，普及事業10周
年を記念して取りまとめられた資料［農業改良普及事業十周年記念事業協賛会 1958：
149-65］によれば，1948-1958（昭和23-33）年までの10年間は，① 無我夢中暗
中模索時代，② 試行錯誤時代，③ 充実期に区分されている．

　①の1948年から50年までの2年間は，生活改良普及員のみならず農家世帯員
にとっても，生活改善という制度は全く新しいものであり，生活改善の考え方
や具体的な活動は容易に理解されず全く手探りの状態にあったとされる．農民
にとっても，「(生活改良)普及員の存在さえ知らない時期であり，保健婦，助
産婦以外に，自転車にのった女の指導者といわれる人を知らなかったので，み
どりの自転車で巡回する普及員をもの珍しく，ながめていた」［同上書 1958：
150］という実態すら報告されている．農民の生活改善に対する意識も低けれ

ば，生活改善に対する彼らのニーズの把握も不充分であり，さらに農民生活の改善に適する生活技術も不明であり，その問い合わせ先も不明という条件の中で，平均2.5町村の担当地区を任された女性生活改良普及員たちが直面した苦悩は想像に難くない．

　広域担当地区を対象に，農家の要望に応じて公平に巡回し，生活改善の意義を説き，改善の端緒を発掘する活動は普及関係者の間で「お座敷廻り」と称された．この暗中模索の過程から，普及活動の対象であり，顧客である農民，特に嫁の世帯内における生活実態の把握なくして生活改善活動の有効性を発揮させることは不可能であり，したがって，女性農業者たちを対象に日常生活の現状を調査し，座談会を開催し，戸別に住宅や田畑を訪問し，彼女たちがいったい何に困っているか，何を必要としているかを把握することから生活改善活動を始める必要があることが認識されるに至った．そうして摘出された問題の背景や本質をつかみ，改善対象として取り上げるべき課題にまとめ上げ，それに対する生活技術の普及を通じて解決策を講じるという一連の手法が，活動経験の中から形成されたのである．これらの事実から，戦後の農村民主化の過程で，生活改良普及員が事業活動にかけた意識の高さと熱意を強く感じることができる．ここでいう農民生活の実態把握の手法は，現在の住民参加型簡易農村調査法に匹敵する．

　続く1950年代初めの試行錯誤の３カ年は，生活技術の宣伝に追われていた「お座敷廻り」を脱却し，「普及事業とは教室を持たない，年令を問わない，期限のない教育の仕事である」［同上書 1958：152］という普及事業の本来のあり方に立ち帰り，改善意欲のある地区に生活改善実行グループを育成し，濃密指導を行う方針が創り出された．これは，先行優良地区を形成し，そこから周辺地域への生活改善の普及拡大を狙うものであった．この生活改善実行グループは，生活改善活動に自主的に取り組む人びとの集団として育成された．生活改良普及員は，その育成過程で，「農家の人びととより親しくなり，自由な話し合いを通し，農家のほんとに困っている問題をみつけ出し，改善してゆくのを

援助していく」［同上書 1958：154］ものとされた．生活改善実行グループ員は「日頃の生活の中から次第に，不便なところ，改善したいところを，みつけ出し，グループの会合を通じて，必要な技術を習得し，わが家の暮らしの改善に役立たせて行った」［同上書 1958：154］．1953年からは，生活改善実行グループの全国大会も開催され，実用技術，知識，経験の交流（生活改良普及員同士，生活改善実行グループ（員）同士とも）が県レベルや全国レベルの成果発表会を通して進展し，さらなる改善意欲の昂揚へと結実していった．

　1954年以降の充実期には，生活改良普及員の増員が行われ，1人当たりの担当農民世帯は先述の通り全国平均で約4000戸となった．この時期，生活改善の普及方法として濃密指導が発展を遂げ，中心的な位置を占めるようになった．グループ活動に参加することによって成員の人間的な成長が達成された例も多い．しかしながら，農村集落において生活改善グループを組織し，活動を維持していくことは，社会関係の紐帯が密な農村社会における人間関係の軋轢を生み，グループ活動がさまざまな困難に陥ることも多かった．そうした場合に，生活改良普及員による集団活動に対する指導・助言が決定的な役割を発揮した．さらに，濃密指導の対象グループが核となって，周囲の人びとに生活改善活動が波及していくことが期待され，濃密指導と一般指導の適切かつ計画的な配置が課題とされた．先行する生活改善実行グループが，後続のグループに支援の手を差し伸べる取り組みは，現在の「ファーマー・トゥ・ファーマー」による技術普及の手法ということができる．1956年度から導入されたスクーターがそれまでの緑に自転車に取って代わり，生活改良普及員の機動力の向上に一役買ようになったのは，この時期のことである．

（4）　初期の農家生活改善普及事業の成果

　ここで，初期の生活改善普及事業の成果をまとめておくことにする．

　第1は，事業の普及拡大の側面である．全国の生活改善実行グループの組織状況は，1956年3月末の時点で5461グループ（成員総数13万992名）となっている．

これらのグループが取り組んだ改善内容は，グループ数の多い順に，第1位がかまど改善，第2位が保存食の利用，第3位が改良作業衣の着用であった［農林省振興局生活改善課 1957：13］.

　このうち，かまどの改善については，1956年度の全国調査結果によると，「すでに改良した農家」が220万戸（全農家戸数582万戸の38%），「生活改善活動の導入以降に改善した農家」が158万戸（同じく27%），「向こう1カ年以内に改善するつもり」の農家が147万戸（同じく25%）であった［同上書 1957：21］. また，かまどの改善率には地域差も強くみられ，東北，関東，北陸で低く（20%台），最高は東海の70%，中国，四国では50%であった［同上書 1957：20］. 生活改良普及員1人当たりの担当戸数の少ない府県ほど，かまど改善率が高い傾向がみられた. また，東海や四国の一部地域では，生活改善普及事業の開始以前に，かまど改善の普及率が高かった（前者の平均で関係農家世帯の40%強）. ただし，第2次世界大戦以前の農家のかまど改善は，農業不況による農民窮乏化対策の一環として実施されたものであり，節約と貯蓄が社会的強制力に基づいて推し進められた生活改善であったに過ぎない.

　第2に，生活改善普及事業を通じたグループ員に対する教育的効果である. 生活改善活動の始めには，参加農民の間には「はっきりした目的を持って集まってくる人が少ない. 会合にはひとに言われたり，頼まれたり，時には義理で出席する. 自分の家の必要，不必要に拘らず，新しいもの高度なものを求める. 習った技術を家で実行しようとしない. 見栄や競争で改善する. リーダーや姑さんに気がねが多い. 発言する人が少なく，一部の特定の人だけが発言する. よいことは自分でだけ知っていたい. お金がないと改善できない」［同上書 1957：14］といった態度がみられたという. しかし，生活改善活動への参加の進展によって，「自分の家に必要な，或いは適した技術を習いたがる. 習った技術は必ず家で応用してみる. 自分達の持っている技術を教え合う. 技術が豊かに，しかも正確になって来る. 技術に自信を持ってくる」［同上書 1957：15］. さらには，「話合いが上手になって来る. 人の噂やかげ口が少なくなって来る.

身分や家柄にこだわることが少なくなる．物事を自分で判断するようになる．自分たちの生活の中から問題をみつけるようになる．何事も皆が力を出し合って解決しようとする．部落や村の問題に関心を持つようになる」[同上書 1957：15] といった積極的な態度へと農家女性たちの行動様式が変化してきたのである．

　こうした点から，戦後の農村民主化が目指し，生活改善を通じて達成された日本の農業者，なかんずく女性農業者の人間的成長こそが，生活改善の成果の重要な一部であるということを認めることができる．かまど改善はあくまでも手段であり，かまど改善を実行する主体の変化こそが教育的普及活動としての生活改善の目指すところであることを，われわれは理解する必要がある．

　第3に，戦後日本の農村における生活改善の見過ごされがちな成果として，生活改善型の開発アプローチとも呼ぶべき点を指摘しておく必要がある．これまでの分析を振り返ると，日本の農村生活改善の初期段階，すなわち1949年から1960年までの期間に，つぎのような事業推進努力がなされてきたことがわかる．すなわち，(a) 生活改善普及事業の発足と導入，(b) 同事業の形成と普及浸透，(c) 同事業の拡大と深化，(d) 限られた生活改良普及員と専門技術員の陣容のもとでの普及サービスのデリバリーの手法と効率的普及手法の考案，(e) 同事業の成果とその評価手法の開発である．

　これらから明らかなように，農家生活改善普及は外来の制度の導入によって開始されたものであったが，その実質的な内容は，日本農村で試行錯誤を繰り返しながら活動を積み重ねること，つまり，まさに改善的努力の結晶として創成されたのである．これは，なによりも生活改良普及員と生活改善実行グループ員の努力によるものである．生活改良普及員の献身的な努力に支えられた女性農業者たちの生活向上に向けた意欲と努力の結果，生活改善の内容と形式，そしてそれに対応した普及方法が，この三者を合わせた形で創り出されてきたのである．そうであるがゆえに，農村民の間に定着し，多くの成果を生み出したということができる．

おわりに

　過去には，すでに見てきたように政府がトップダウンの政策として生活改善を主導することが行われていた．そうした生活改善は都市や資本の側から農村に対して一方的，強権的に押し付けられたものであった．第1次世界大戦後の日本において，欧米列強に追随せんがために国家主導の資本主義的近代化を急いだ政府が唱道した拝欧主義的な生活改善（一例として，畳の生活の否定と机・椅子の生活の賛美を挙げておく）は，改善対象にされた農村住民あるいは都市住民の日常生活の実態を踏まえた生活改善では全くなかった．

　しかしながら，第2次世界大戦後の日本農村で展開された生活改善は，それまでの生活改善とは形式も内容も共に全く異なっていた．この農村生活改善は，日本が農村貧困問題を克服して行く過程で取り組まれたさまざまな農村開発事業の一環をなすものであった．たいへん残念なことに，農村の生活改善はすでに過去のものとみなされ，男女共同参画や女性起業，農村女性政策へと重点施策領域が変化するに連れて，ついには行政当局の普及政策から生活改善が抹消されるなど，著しく様変わりした．

　けれども，生活改善の少なくとも初期の取り組みが農村住民，特に女性農業者たちにもたらした影響は，生活技術の普及を通じた物質文化の側面における効果にとどまらず，農村の人びとに対する教育的な人間形成においても重要な役割を果たした．また，その初期段階の取り組みは，貧困削減・飢餓解消（栄養改善）がなお喫緊の課題である現在の途上地域における農村開発の実践と研究に対しても，多くの示唆を与えるものと考えられる．このため，ようやく最近になって，この戦後の生活改善を広く開発研究の文脈で捉え返す試みがなされるようになった（たとえば，代表的なものとして佐藤［2001］）．本書も，こうした研究と基本的には同じ問題意識に立っている．

　生活改善普及事業が推進した生活改善においては，それを支える制度よりも，

農家の生産や生活上のさまざまな課題の解決に実践的に取り組む人びとが中心に置かれた．そのため，この生活改善は，生活改善アプローチの実践を通じて農村の生活主体を創り出してきたということができる．これは，今日いうところの住民のエンパワーメントや人間開発の実践と基本的に同質と考えられる．そして，ときやところが違っても，人間生活が存続する限り生活改善の課題は存在することから，生活改善においては，事業活動の分野よりも，生活改善アプローチが重要だという点に対する理解が不可欠である．生活改善は，それによって取り組まれたさまざまな活動よりも，課題解決の実践過程で形成されてきたアプローチにこそ，その独自性と普遍的価値がある．これが，本書の全体を通じて強調したい生活改善の本質的特徴であることは言うまでもない．

注

1）　和田［2012：91］には，「経済更生運動の前段階より生活改善同盟会により生活改善規約を作り実行している町村」の存在が指摘されており，経済更生運動期の町村における生活改善の内容が，生活改善同盟会の唱道する「農村生活改善指針」に基づくものであった可能性を強く示唆しており，興味深い．

参 考 文 献

板垣邦子［1992］『昭和戦前・戦中期の農村生活』三嶺書房.

大鎌邦雄［2006］「昭和戦前期の農業農村政策と自治村落」『農業史研究』40.

佐藤寛［2001］「戦後日本の生活改善運動」，菊池京子編『開発学を学ぶ人のために』世界思想社.

生活改善同盟会［1931］『農村生活改善指針』.

祖田修［1971］「町村是運動の展開とその系譜」『農林業問題研究』25.

田中学［1977］「地域農業振興思想の系譜」『農業経済研究』49(2).

日本農業研究所［1980］『農林水産省百年史　中巻　大正・昭和戦前編』.

農業改良普及事業十周年記念事業協賛会［1958］『普及事業十年』農業改良普及事業十周年記念事業協賛会.

農林省［1932］「農山漁村経済更生計画樹立方針」（武田勉・楠本雅弘編『農山漁村経済更生運動資料集成』第二巻，柏書房，1985年，所収）.

農林省経済更生部［1934］『経済更生計画ガ農山漁村ニ与ヘツツアル影響ニ関スル地方事情調査員報告』（楠本雅弘編『農山漁村経済更生運動資料集成』第2集第一巻，柏書房，1988年，所収）.

農林省振興局生活改善課［1957］『10年になる農家の生活改善事業』.

農林省大臣官房総務課［1973］『農林行政史　第十巻』.

農林省農業改良局普及部［1949］『昭和24年ラヂオ放送原稿集（11月，12月）第8号』.

農林省農政局［1943］『農村経済更生施設の経過概要』（武田勉・楠本雅弘編『農山漁村経済更生運動資料集成Ⅶ』第2集第一巻，柏書房，1985年，所収）.

久井英輔［2007］「昭和前期における生活改善中央会の組織と事業」『兵庫教育大学　研究紀要』31.

森恒太郎［1909］『町村是調査指針』丁未出版社.

和田健［2012］「農山漁村経済更生計画第1期後期に見られる生活習俗・社会強化の諸相――昭和9年度更生計画書を中心に――」，『人文研究』（千葉大学），41.

―――［2014］「生活改善規約を持った更生指定村――より強化された生活習俗の系統化――」『人文研究』（千葉大学），43.

第2章

山口県の生活改善における
女性リーダーと生活改良普及員

はじめに

　生活改善普及事業の目的は，生活をよりよくすることと「考える農民」を育てることである［農林省農業改良局 1954］．生活改善に関する具体的な活動は，農民の主体性によるものである．すなわち，戦後の生活改善を通して，主体的に「考える農民」が育ち，彼らが，現代の日本の過疎地域の地域づくりの一翼を担っているともいえる．

　本章の目的は，貧困問題に直面しているいわゆる途上国の農民やその世帯員，彼らの生活の場となっている農村社会の開発／発展にとって示唆的な要素を，山口県の生活改善の具体的な事例を通して検討することである．事例としてとりあげるのは，山口県萩市田万川地域の田万川（たまがわ）生活改善実行グループの活動である．焦点を当てる人物は，この生活改善実行グループの活動に尽力し，女性リーダーとしての才覚をあらわし，田万川町女性団体連絡協議会を立ち上げ，田万川地域の地域づくりに貢献してきた藤井ミネ子さん（1923（大正12）年生まれ）と同時期に生活改良普及員として田万川地域を担当したことのある西村良子さん（1943（昭和18）年生まれ）である．本事例に関する聞き取り調査は，山口県農林水産部農林水産政策課や萩農林事務所の職員，藤井ミネ子さん，西村良子さんに対して行った．聞き取り調査は，2012年6月から継続的に行っている[1]．

　第 1 節は山口県の生活改善普及事業の政策的な変遷を整理し，第 2 節では田万川生活改善実行グループのリーダーの姿勢や活動，そして活動を通した内面的な変化をとりあげ，第 3 節では，生活改良普及員の姿勢や活動，そして活動を通した内面的な変化と現代の地域づくりの取り組みをとりあげる．第 4 節では生活改善の今日的意義を再確認し，途上国の農村社会への応用可能性とその際の留意点について言及する．

1　山口県の生活改善の変遷

　第 2 次世界大戦直後の日本の農村の疲弊は著しく，とくに食糧の供給確保が喫緊の課題であったため，農業改良助長法にもとづいて，農業技術の向上をめざす農業改良普及事業と農家生活の向上をめざす生活改善普及事業が全国一斉に始まった．これらの指導普及を現場で遂行するために，農業改良普及員と生活改良普及員が各県の職員として採用された．

　山口県は，普及事業の準備期間から当時の農林省との関係が深かった．山口県の初代農業改良課長である川俣是好氏は，農林省からの出向であった．山口県農業試験場との兼務で，就任期間 9 カ月で農林省の普及事業主務課の課長に転出した．山口県での任期中には，山口県の普及員の採用において，普及員の資格をどうするか，どのように採用するかという規定の策定など，普及事業の基礎づくりを手掛けた．川俣氏の後任として，1949年には尾崎三雄氏が農林省から山口県に U ターンし，山口県の初代農業改良普及課長兼農業試験場長となった．尾崎場長の「農業改良の目的は，農家の生活と文化の向上を図り，以て農村を健全に発展せしめることにある」という意向により試験場に「生活研究室」が設置された [山口県 2006]．このような背景もあり，山口県では生活改善が制度的に重点分野として位置づけられており，独自の取り組みが実施されてきた．

　山口県では，1949年に最初の農業改良普及員167名と専門技術員 4 名が採用[2]

され，1950年に生活改良普及員5名が採用された．生活改良普及員は，高等専門学校または女学校，中学校，高等女子専門学校，師範学校卒の当時としてはエリート女性であった．

連合国軍総司令部GHQは，農業改良普及員と生活改良普及員の割合を5：1にするという目標を掲げており，山口県は全国平均の1960年代より5年も早い1955年に目標を到達している［市田 2001］．

1950年には，山口県独自の生活改善推進世話人制度が導入された．この制度は，生活改良普及員が担当地域に入る際に，意欲があって問題意識の高い人を発掘し，世話人として指定し，世話人を核としたグループづくりを行う手法である．この時期の山口県の重点課題は，貧しさからの脱却と食糧増産を念頭においた「明るく豊かな民主的農村の建設」であり，具体的な取り組みは，生活文化の育成向上（衣食住の生活の改善・向上），農業生産の増大，家庭生活の民主化（家庭管理，家族関係，冠婚葬祭のあり方）であった．

1964年には，山口県内の各グループの連携を図るために山口県生活改善実行グループ連絡協議会が発足した．この時期は，国レベルでは，普及組織の広域拡大化へ移行していく時期であった．農林省は，1965年に農業改良普及所の統合整備と普及指導の効率化に関する指針を出した．これに対して，山口県では，生活改良普及員の草の根活動へのニーズが高かったため，普及員が多忙になるという短所に留意しながらも，1968年に専門的高度技術の普及と専門普及による効率的普及活動を二本柱として，山口県内13農業普及所30支所での広域普及体制をとった．

1974年までの山口県の重点課題は，高度経済成長下の対応や都市画一化への見直しを念頭においた「人間尊重で成り立つ農家経営」であり，具体的な取り組みは，生産と生活の調査（勤労者としての健康維持，共同炊事，保存食，一時保育，住居改善・設計，害虫駆除，生活時間・家計簿・家族の役割分担，農業後継者の育成），地域生活環境の整備（生活環境整備計画策定，公共施設・衛生施設等の設置誘導）であった．この頃から個人の存在が強調されるようになる．

　1975年の「世界女性会議」を受けた国連婦人年を契機として，農業・農村・農政における「女性」にかかわる各種の施策・事業が展開された．山口県では，1987年には，山口県農家生活改善士の認定制度が始まり，同年に農家生活改善士会が発足し，1988年には，山口県農山漁村女性連携会議が発足している．この時期の山口県の重点課題は，多様化への対応を地域活性化・女性の役割の正しい認識と評価を念頭においた「魅力ある住みよい地域づくりと地域農業の推進」であり，具体的な取り組みは，地域農業の組織化，農家・生産組織の健康管理，農山漁村女性の役割向上，高齢者の活動促進，地域型食生活の定着推進，地域生活環境改善，集落排水への取組推進であった．

　1991年，農林水産省は，「協同農業普及事業の運営に関する指針」の改正を重ねる中で，生活改良普及員の呼称を全国的に廃止して改良普及員に一本化した．これに対し，山口県では県条例のなかで「生活改良普及員」の名前を残し職務遂行上の区分を維持してきた．しかし，2004年の農業改良助長法の一部改正で，改良普及員・専門技術員が普及指導員として一本化されたため，山口県も農業改良普及員・生活改良普及員・専門技術員を廃止し，「農業普及指導員」として一本化することになった．

　初期の生活改善の目的が達成されたこと，農山漁村問題が多様化したこと，多様な生活スタイルや価値観が存在することなどから，生活改良普及員としての名称はなくなり，全国的には生活改善は終わったものとなっている．しかし，人材育成という点では重要な機能をもつことから，山口県では農山漁村の生活領域担当部署が継続的に残っている．2014年8月28日には山口県生活改善実行グループ連絡協議会50周年記念大会が開催された．大会宣言として，① 仲間の力を活かしたグループ活動の推進，② 農山漁村女性の社会参画の推進や地位の向上の推進，③ 次世代への知恵・技の伝承活動，④ 10年後も住みたくなる地域づくりの推進が掲げられた．

2　山口県田万川生活改善実行グループの リーダーの姿勢と取り組み

（1）　生活改善との出会い

　山口県萩市田万川地域（旧田万川町，2005年 3 月 6 日に 7 市町村が合併し萩市とな る）は，山口県の最北端に位置し，東は島根県益田市および津和野町，南と西 は萩市須佐地域（旧須佐町）に隣接している．日本海内陸の小川地区では，河 川沿いの平坦部に米作を主体とした農業が発達し，平山台を中心とした丘陵地 では果樹を生産しており，海岸部の江崎地区では，江崎湾を中心とした水産業 が営まれている．田万川地域の人口は，2606人，世帯数は1247世帯，高齢化率 は50.8％である（2019年 1 月31日現在）．

　本節では，田万川生活改善実行グループの活動に尽力し，女性リーダーとし ての才覚をあらわし，田万川町女性団体連絡協議会を立ち上げ，田万川地域の 地域づくりに貢献してきた藤井ミネ子さんの具体的な活動を整理していくこと にしたい．

　藤井ミネ子さんは，萩市大井地域の出身である．1941年 3 月に野村実践女学 校師範部を卒業後，教師となった．最初の赴任地は山口県萩市の沖に浮かぶ大 島だった．その後，山口師範学校にて小学校教員養成所に 1 年間通い，1943年 3 月に小学校教員の資格を取得した．教師の仕事に没頭し，結婚は考えていな かったが，親族の意向もあり田万川の農家の長男と結婚することとなった．25 歳の時であった．結婚後10年くらいは，田畑仕事，家族の看護や介護，子育て 等の家の仕事をこなすのに忙殺され，藤井さんは痩せてしまい，体調を崩すこ とがあった．実家から田万川までは，山をいくつか越えなければならないため， 里帰りもままならない状況であった．

　田万川では，1954年に農協婦人部が設立されたこともあって，生活改善実行 グループの先駆けとなるグループ活動が各集落単位で取り組まれていた．当時， 藤井さんは，集落の先輩から生活改善実行グループの仲間にならないかと誘わ

れた．しかし，家の仕事が忙しく自由に外に出ていくことが難しかった．そこで，生活改善実行グループの活動拠点として，藤井家を集会所代わりに提供し，藤井さんがお世話をするようになった．

　小学校の教員になるという夢も破れ，家の仕事が忙しく，体調もすぐれない状況下で，藤井さんは陰気で閉じ込められた心境になることもあったが，生活改善実行グループに参加することによって一筋の光が見えてきたという．生活改善の集まりでは，生活改良普及員がいろんな情報をもってきてくれたり，講師を呼んでの勉強会を開催したりすることがあり，藤井さんはみんなで勉強をすることに大きな喜びを感じていた．幸いにも，藤井さんの自宅を生活改善実行グループの活動拠点として開放することに関して，家族の理解が得られた．

　　藤井家が活動拠点になったことは，家族の理解があってのことです．学校の先生になりたかったのに家に閉じ込めとくのもあれじゃけえ，やりたいことやらしてやろう，私が病気になったりでもしよったから，好きなことさしてやろう，っていうのがあったんじゃないでしょうかね．

　さらに，35 歳の時，農協婦人部の研修会の講演で「一隅を照らす，此れ則ち国宝なり」という言葉に感銘を受けた．これは最澄の言葉で「世の一隅に光を与え照らす者が国宝」という意味である［田村 1979］．これを藤井さんは，1 人ひとりがそれぞれの持ち場で全力を尽くすことによって，国全体が明るく照らされ，みんなが幸せになる．自分の周りを一生懸命に照らす人こそ国の宝，と解釈した．

　　この言葉が頭にこびりついたの．自分から心を改めましてね．地域に馴染まにゃいけんし，農家の主婦にならんといけんと思いました．今では私の座右の銘になっとるんです．

　当時は，山口県の農業改良普及所の支所が田万川町役場にあり近距離であったため，普及員とグループ員との関係は密接で信頼関係ができあがっていた．

藤井さんは生活改良普及員をこのように評価している.

> 生活改良普及員の先生方は，田舎に入ってね．一対一でも話ができる．
> 集落の中に溶け込んでね．良い仕事ですよ．田舎に入ったら田舎にちゃん
> と合わせて行動されたことは，私，感心しています．初めごろは泊まり込
> みで．それぐらい熱心でしたよ．

1960年代後半，全国的に普及事業が広域拡大化する時期に入って，田万川で
も，田万川町役場にあった農業改良普及所の支所が撤退することとなった．藤
井さんは，せっかく生活改善の活動が進みつつある時に流れを止めたくない，
支所が撤退するのであればグループが連携をもつ必要があると考えていたこと
もあり，1968年に田万川生活改善実行グループ連絡協議会の会長に選ばれた.
藤井さんは当時のことをこう振り返っている.

> 萩に普及所の支所を移動するなんて，私たちにとってはおおごとですい
> ね．だから，私がお世話するといって……．その時に，私がやらないけん
> と思いました．私自身が勉強したいという気持ちもありましたからね.

（2）　女性リーダーとしての役割

藤井さんは，その後，30年以上，田万川生活改善実行グループの会長を務め
てきた．1969年からは江崎農協婦人部の部長，1972年からはJA 阿北農協婦人
部協議会会長，1977年から1978年と1985年から1986年には，阿武萩生活改善実
行グループ連絡協議会会長や山口県生活改善実行グループ連絡協議会理事など
を務めた．1989年には，田万川にある農協婦人部や漁協婦人部，生活改善実行
グループなどの女性団体をまとめる田万川町女性団体連絡協議会（1996年に田万
川町婦人団体連絡協議会から改名，以降「女団連」という）を結成したのである．藤井
さんの考えは以下のとおりである.

> 私の根底には，田万川のためにってことがありますから．私たちは生活

改善実行グループのグループ員であるのと同時に農協婦人部の部員である
わけ．生活改善や農協婦人部っていうけど，そりゃ，受け皿はひとつでし
ょう．手の上でこれをどう調節したらいいか，どう調和したらいいか，そ
れが地元の人にどう根付くかということが，絶えず私の頭の中にありまし
た．

　この背景には，「女性たちが集まって何かしてか……，あんたらは，ものを
何もしらん」という当時の女性たちに対する男性の視線があった．ゆえに，女
団連は，毎年，研修会と講演会と食を考える会を含めた行事を開催し，みんな
で勉強をする取り組みを行っている．これまでのテーマは「婦人の連帯による
地域づくり」「環境問題と地域開発」「他団体との交流や連携」「青少年問題」
「道の駅の開業」「ごみ処理問題」などであり，1999年に入ってからは「男女共
同参画社会の実現」についても勉強会を開いている．

　　あのまま放っておいたら今の田万川の女性たちの連帯意識や地域を思う
　　気持はなかったと思います．女団連の活動が，田万川の女性たちの団結力
　　や女性たちの地域に対する想いや活動を促したんじゃないでしょうか．
　　　田万川の良いところは，喧嘩をするのではなく，実際に行動したことで
　　融合するわけです．また，男性に対しても，私たちは，どこまでも女性で
　　あるし，相手様のおかげであるという気持ちを持ち続けています．

（3）　地域活動への展開

　田万川の女性たちの活動に拍車をかけたのは「道の駅」の建設であった．田
万川では，1989（平成元）年の「ふるさと創生1億円事業」を受けて，地域の
活性化と住民の健康増進を図るために，1990年から源泉調査を進め，1996年に
田万川温泉「憩いの湯」を開業した．これは1992年から進めてきた仮設の道の
駅の目玉となった．そして，道の駅「ゆとりパークたまがわ」が1997年10月1
日に開業した．施設は，温泉，田万川の特産品を販売する特産直売所，地元食

材を活かしたレストラン，調理施設，道路や地域の情報を発信するコーナー，休憩施設，会議室，自販機コーナー，公衆トイレ，駐車場，健康器具を備えた公園，屋外ステージなどである．

　1996年に田万川温泉が完成した時は女団連が結成して8年が経っていた．これを機に，数々の取り組みによって育まれた女性たちの企画力や実践力を集結し，社会に向けて実施されたのが「活き粋き女のまつり」であった．その内容は，くす玉割りからはじまって，和太鼓，手作りアイデア特産品の展示，バザー，寄り合い鍋や新鮮野菜の販売，演芸発表（女団連の各組織からの1芸），表千家同門会によるお茶席，写真展示，健康コーナーなどで，道の駅を盛り上げた．当時は，莫大な予算が道の駅に費やされるため，道の駅の建設に懸念を示す人もいたが，藤井さんは，当時のことをこのように語っている．

　　　私たちにできることは，地域の人がどれだけ幸せになるかってこと．町
　　　の取り組みを逆手に取るようじゃあ，田万川町民じゃないじゃないって，
　　　ねじり鉢巻きをして盛り上げました．

　道の駅の建設過程で，女性たちはひとつの要望を出している．「道の駅に調理室を併設してほしい」という内容であった．再三懇願していた時に，当時の生活改良普及員が「食材研究室」の設計図を見せてくれた．女性たちは，行政も女性たちの活動を認め，聞く耳を持っていただけた喜びと感謝でいっぱいになったという．次に，「調理器具を，是非，女性たちに購入させてください」という要望を提出した．なぜなら，行政側で購入して，「ハイ，これを使いなさい」と渡された器具は使い勝手が悪いことが多かったからであった．ちょうど，田万川町消費者団体連絡会議で「お買い物は町内で……」という活動が展開されていたこともあって行政の許可がでた．みんなで大喜びして金物店に走り，買い物をして器具を揃え，商工会の理事の配慮でエプロンも購入できたという．

　1997年の道の駅の開業時には，女性たちは，揃いのエプロンを着け，調理室に集合した．その時には，思わず，「よかったね」「あっ，すてき」と異口同音

に声が出るほど，女性たちの顔が活気づいていたという．生活改善実行グループは，加工品の開発や商品化を目指した研究会などを開いていた．その結果，地元産のジャム，きび粉やゆず吉酢等をつかったういろう，しいたけドーナツなどの商品が道の駅で販売されるようになった．地元の西堂寺六角堂にちなんで「六角ずし」という名前をつけた地元産品をふんだんに使ったオリジナル弁当は，2000年の道の駅の駅弁コンクールで優秀賞を受賞した．

（4）　田万川の女性リーダー像

　女性たちの活動は順風満帆で進んでいったわけではない．女団連を結成する際に，藤井さんと当時の生活改良普及員との意見が食い違ったことがあった．普及員は，女性組織であったとしても，それぞれの組織の目的や機能が異なるのだから，一緒にすることを躊躇したのであった．生活改善実行グループと農協女性部の組織の違いを藤井さんは以下のように説明している．

　　農協女性部は，経営母体の組織があるなかの一部．生活改善実行グループは，集落のなかの仲間の集まりなの．もし，私が企業経営者で，社員を公募で選ぶんならよいのですけど，生活改善実行グループとなると，そういうわけにはいかない．「あんたがやってんなら，私もやりましょうか」という女性の集まりでしょう．だから，途中で，「私は辞めます」「あなたはできんけん，さよなら」ということはありません．そういう権利はない．すべてが平等．大事なのは，黒子ですよ．誰かが黒子になる．黒子がおれば動くんです．みんなで手分けしてとなると，「やれんもんはやれん」となる．でも，「この人にはこういうことができるから，こういう分野で活躍してもらおう」ということもできる．そういう才覚を，リーダーが持たんといけんのんですよ．

　つまり，農協は目的志向的な組織であり，その目的に適った人びとが入会する組織であり，組織の方針に合わなければ辞めていくことが可能な機能組織で

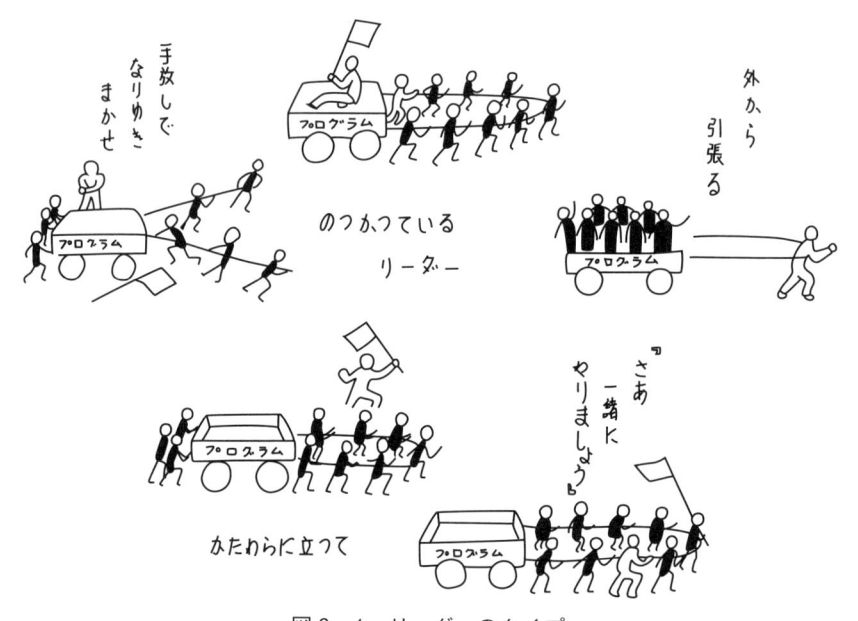

図 2 - 1　リーダーのタイプ

出所：松井・辰己編［2006］（本間明子さんの活動資料より）.

ある．一方で，生活改善実行グループは集落を基盤として仲間が集まり，仲間
で話し合いながら目的を設定して実行に移し，各グループ員が成長していく組
織であるから，目的志向性は必ずしも強くない．そのやり方はグループによっ
て異なっており，地域社会の影響を大きく受けている多面的な機能組織である
といえる．このように組織の目的や機能，性質が異なるため，リーダーの役割
も異なってくる．

　生活改善普及事業の研修資料には，図 2 - 1 のように 5 つのタイプのリーダ
ーが示されている．仲間に好きなことをさせて手放しでなりゆき任せの場合，
仲間の活動やプログラムにのっかっている場合，外からぐいぐい引っ張る場合，
かたわらに立って支援していく場合，仲間と一緒になって実行していく場合，
である．

　藤井さんは，どのようなリーダーだったのであろうか．リーダーの役割につ

いて，藤井さんに聞いてみると以下のような回答があった．

　　　リーダーにとって大事なのは，黒子役，ちゃんとした目玉の芯になるこ
　　と．そうでなかったら，グループ活動は続かん，成功せんね．リーダーに
　　なろうと思えばね，リーダー自身が認めてもらうだけのちゃんとした技と
　　技術が備わっとかんといけんちゅうことなの．私には，リーダーとしては
　　仲間に恥をかかせちゃいけん，というのは常にあったですね．集会で何か
　　を得てもらわないけん．どうしたら一番良いか，これをすることで皆さん
　　がどう思うてくださるか，喜んでもらえるかどうかってことしかないね．
　　私のように，リーダーの仕事が苦にならなかったちゅうことは，よっぽど
　　おめでたい人間なんでしょう．グループ員にわかってもらえんこともあっ
　　たけど，これもね，月日がちゃんと解決してくれる．心だけちゃんとした
　　もんを持っとけば通じるもんです．難しいですね……．人の心が相手です
　　から．リーダーっていうのは犠牲的精神が必要です．私たちの時代はね，
　　犠牲的精神が美徳だったのです．だから，道に外れたことはできません．

　藤井さんのリーダー像をひとつのタイプに限定することは難しい．実際には，
状況に応じてリーダーはいろんな方法を試みているからである．藤井さんは，
一緒に実行する場合もあれば，外から引っ張る場合もあり，黒子に徹すること
もある．普及事業の究極の目的が「考える農民」であるのならば，どれがよい
リーダーであるかが重要なのではなく，考えながら行動していくリーダーが生
活改善実行グループを動かしていくのである．状況対応型の手法は，生活改善
実行グループにおいてだけでなく，女団連においても，男女共同参画の地域活
動においても同様のことがいえる．

　このことは，生活改善普及事業の合理的・科学的な枠組みは，実際には，地
域性を考慮して臨機応変に応用していかなければならないことを示している．
材料としての資料を，現場でどう活用するかは，「考える農民」のそれぞれに
委ねられることになる．藤井さんの試行錯誤は以下の表現に凝縮されている．

　理屈，理論で言えって言われても言えん．ちゃんとやってきたことに，

理論や理屈があとからついてきちょるの．実践行動しておけば，今やらん

にゃいけんことをやってきたことが，後から理論・理屈に合ってくるんで

す．私はこういうことを何度か発見しましたよ．

　この藤井さんの表現は，山口県周防大島町出身の民俗学者である宮本常一の

「理論がさきにあって，事実はそれの裏付けのみに利用されるのが本来の理論

ではなく，理論は一つ一つの事象の中に内在しているはずである」［宮本 2008］

という言葉に端的に表されている．

　藤井さんは，2014年 8 月30日に91歳の誕生日を迎えた．リーダーの座を次の

世代に引き渡し，2014年10月18日には，田万川女性団体連絡協議会結成25周年

記念大会が開催された場で，山口県知事からの感謝状が贈られた．そして，次

世代のリーダーから藤井さんへ感謝の言葉が述べられた．

3　山口県の生活改良普及員の姿勢と取り組み

（1）　生活改良普及員の経験

　本節では，田万川地域の生活改善に普及員として携わったことのある生活改

良普及員の西村良子さんの姿勢と取り組みについて整理をしていきたい．

　西村良子さんは，1962年に生活改良普及員として山口県農林部に採用された．

最初の勤務地は，秋芳農業改良普及所であった．その後，27年間にわたり，農

林部の出先事務所 8 カ所を経験し，つづく 7 年間は農林部普及教育課，水産部

水産課に属した．最後の勤務地は，萩農林事務所農業普及部であり，2000年 3

月に退職した．

　西村さんが，生活改良普及員として 5 年目に萩農業改良普及所に配属された

時，1956年に生活改良普及員とした採用された本間明子さんという先輩がいた．

本間さんは，田万川の女性の活動を支援し，藤井さんとも議論をしながら活動

を盛り上げてきた普及員のひとりである．本間さんは，生活改善普及事業に一途の情熱を傾け，農山漁家の生活向上と農山漁村女性の意識向上に大きな成果をあげると同時に，一方では多くの後輩の指導にあたってきた．本間さんの問題解決にあたる活動とその成果は評価が高く，後輩たちはその活動手法を身につけて，実践活動を見習い，西村さんは，本間さんの叱咤激励の中，一人前にしていただいたという．

　西村さんが，再度，田万川を管轄する事務所へ赴任したときは，田万川の女団連結成の動きがでていたころであった．西村さんは，生活改善実行グループや農協婦人部・漁協婦人部，そして婦人会などの女性組織には，女性たちが重複して所属していることもあるが，組織にはそれぞれの役割がある．そのため，まとめてしまうことによって組織の役割が混乱してしまうのではないかという危惧をもった．ゆえに，女団連の結成には慎重な立場をとっており，20歳年上の藤井さんと対等に議論をし合ったという．リーダーと普及員は互いに議論を繰り広げた．藤井さんは，西村さんをはじめとした普及員との議論を以下のように捉えている．

　　　普及員との議論は，喧嘩じゃないの．意見の相違．組織の機能を無視するつもりはないし，女団連をつくっても組織の特徴はなくならないと私は思っていました．ちゃんと筋道を通して，うまく調節・調和してきたつもりです．

　藤井さんは，特に田舎は1組織だけががんばるだけではだめであり，さまざまな組織の上に輪をつくらなければならないと考えており，各組織の役割を曖昧にすることではない，と説明し，西村さんや周囲の人を納得させて，1989年の女団連結成に至った．

　藤井さんも西村さんも筋道を立てて論理的に進めることを重視している．しかしながら，活動の過程においては，この地方での言葉でいうところの「じら」が生じることもある．「じら」とは，個人的な感情に基づく「わがまま」

「やんちゃ」「へそまげ」「足引っ張り」という意味で，集団活動を進めるにあたっては，時々みられる現象である．西村さんは，以下のとおり，「じら」の肯定的な側面を評価している［松井・辰已編 2006］．

> 「じら」が発生し，席を蹴って会議から出て行ってしまった人を「どう説得するか」が，地域の活動の安定性・継続性を左右するのです．つまり，地域づくりで直面するのは，どのみち個人的な感情による「反対」「あしひっぱり」ですから，それはそれでいい．感情的な反対はあって当然で，それを乗り越え，説得する過程で計画は練り上げられたものになり，組織も強固になるんですよ．

（2）　生活改良普及員から当事者としての地域活動へ

　西村さんは，2000年3月，56歳で早期退職した．西村さんの夫の浩一さんは，山口県の農業改良普及員であり，2000年3月に63歳で退職したため，同時期に退職し，浩一さんの実家である山口県阿武町宇田郷の郷集落に戻り，農業経営および地域づくりに専念することとなった．西村さんは，2000年4月には，阿武町宇田郷婦人会の副会長になり，2001年4月には，会長に抜擢された．

　退職後，阿武町宇田郷に帰って気づいたこと，つまり地域が抱えている課題を整理すると以下の6つがあげられるという．① お互いの思いでつながる仲良しグループはあるが課題解決のためのグループ結成は容易ではない，② 地域活動の世話人（役員）の順番制度が固定している，③ お隣同士の人間関係に壁が存在する場合がある（昔からの慣習や土地等の境界線等），④ 個性の強い人が主導権を握る傾向にある，⑤ その反動で個性の強い人を警戒しようとする動きがでる，⑥ 近所が大切といいながら表向きの協力に終わる傾向がある，ということである．

　2002年4月からは，郷集落の全世帯40世帯の女性を網羅した「睦笑会」を発足し，この組織を基本に地域活動を展開した．2003年4月には，集落の役員会

に睦笑会から女性の2名の役員を出し，役員を通して集落行事への女性の参画と協力を促した．地域では，花見会，泥落とし，親睦グランドゴルフ大会，忘年会，新年会，集落総会，料理教室（男女），県内視察，お楽しみ会などの行事が行われている．2004年からは，阿武町内の祭での紅白小餅づくりを請け負うようにもなった．世話役の順番制度については，順番が回ってきても，体調や育児や介護等の個々人の状況に応じて交代する制度に改変することが実現した．西村夫婦がUターンしてきたことで，集落が変わったという評価を受けている．さらに，他の集落から郷集落は「いいね」「うらやましい」という声があり，「うちの集落も少し考えようや」という相乗効果的な意識が芽生えてきているという．

　2005年から2017年秋まで，西村さんは，阿武町議会議員として阿武町の町政にかかわった．阿武町の初代女性町議会議員は，生活改良普及員の先輩であった本間明子さんであった．本間さんは，生活改良普及員として，藤井さんと議論をしながら田万川の生活改善に関わったこともあり，退職後は，阿武町に戻り，山口県下においても数少ない女性議員として20年余にわたり活躍し，阿武町の発展と女性活動の活路を切り開いた．本間さんの意志を受け継ぎ，西村さんが阿武町の3人目の女性町議会議員となったのである[3]．

　以上のような地域での活動を通して，西村さんは，以下のように述べている．

　　私の地域での活動および議員としての活動は，「生活改善手法」そのものです．山口県の職員として36年間，農山漁村地域で奉職した生活改善普及事業が，今の私の活動の原点ともいえます．時代とともに生活は変化していますが，この手法は間違っていないと確信しております．「手法」とは，地域，人の実態把握，そこから見える問題点（課題）を洗い出し，緊急性，重要性，安全性等を踏まえた対策の検討なのです．

　西村さんは，「近所が大事」を基本に，多少の考えの違いをこえた協力体制をつくりたいという思いが強くなり，目標となった．具体的には，地域組織の

リーダーとして，議員として，超高齢化社会での活動は，「お互い様」「自分ができること」「無理をしない」を前提にゆっくりと進めることをモットーとしている．たとえば，地域の世話係についても，お互い様で進めていくことで，無理のない互助活動を継続させいていくことが可能となると考えている．そのために，「しゃべる」「食べる」「調べる」「比べる」「差し伸べる」という，生活改善の基本理念である5つのベルを鳴らす場を創出することに努めている．

4 生活改善手法の応用可能性

　生活改善の活動内容が何であるかは，改善課題の解決を図る人びとや時代性によって異なり，生活改善の活動や事業の内容は常に変化するものである．この一連の取り組みにおいては，国レベルの施策を，山口県が媒体として間に入り，地域に応じた事業を実施する体制をとってきた．農林水産省との連携を強くもちながらも，国レベルの動向と整合性が取れない場合は，県レベルでの対応がとられてきた．一般的に，生活改善は，初期の台所改善や食生活改善等の衣食住に限定されるものと思われているが，山口県では，人が暮らしていく，生きていくための普遍的な活動・運動であり，他地域にも示唆的である．元山口県農林部参事・農村女性むらおこし推進室長であった藤井チエ子さんは，「生活改善は古いという意見があるが，今日では生活改善は単なる貧困からの脱出ではなく，新しいライフスタイルが農村の暮らしから先駆的に形成されるという意味での生活改善」［藤井 1999］と捉え，生活改善の普遍性を主張している．

　生活改善の主体は，生活改善実行グループの女性たちである．彼女たちは「考える農民」として主体的に活動を行うようになった．ただし，彼女たちも必ずしも最初から主体的であったわけではないことは本事例から見て取れる．現在は女性リーダーとして有名な藤井ミネ子さんでも，最初は陰気で閉じ込められていた心境であったが，彼女の主体性は生活改善を通して，生活改良普及員やグループ員，グループ以外の人びととの社会関係のなかで育まれてきたの

である.「何を」行うかは, 関係性のなかから生まれてくるものであり, 改善の主体が「考える農民」として自立・自律していくプロセスこそが生活改善といえるのではないだろうか.

生活改善に普遍性が備わっているのであれば, 貧困問題に直面し農村開発に重点をおいている途上国の農村社会への応用も可能である. 国際協力事業団（現　国際協力機構）が2002年に発行した『開発課題に対する効果的アプローチ農村開発』では, 住民の組織化とリーダーの発掘をどのように進めていくかが課題であると明記されている. 開発課題に向けて効果的アプローチを進めていくことは, 生活改良普及事業においても共通する.

とりわけ, 住民の組織化とリーダーの発掘においては, 山口県独自の生活改善推進世話人制度が示唆的である. 先述したとおり, この制度は, 生活改良普及員が担当地域に入る際に, 意欲があって問題意識の高い人を発掘し, 世話人として育成し, 世話人を核としたグループづくりを行う制度であり, 藤井ミネ子さんは, 話し合いをする場の世話人として生活改善実行グループの活動に参加し, 累積活動経験を通して黒子役のリーダーとして成長していったのである. 本事例は, どういうタイプのリーダーが効果的であるかというよりも, 状況に応じて自身ができる役割を果たすと同時に, 自身が成長してさらなる役割を果たす「考えるリーダー」が重要であることを示した. また, 生活改善実行グループ同士が連携できるように, 地区レベルでの生活改善実行グループ連絡協議会, 県レベルでの生活改善実行グループ連絡協議会が組織されており, 多重なかたちでの連携体制ができており, 連絡協議会を通して広域での情報や意見交換や勉強会, 発表会などが開催されている.

さらに注目すべき点は, 生活改良普及員の役割である. 生活改善において「考える農民」が育成され, 彼らが時代性と普遍性をもつ課題に主体的にアプローチできた主要な要因のひとつとしてあげられるのは, 行政と地域・組織・農家・個人の連携であり, その間を取り持っている普及員の存在である. 普及員は, 1人ひとりの話を熱心に聞いたり, 時には泊まり込みながら, 生活改善

実行グループの女性たちと一緒に，議論を繰り返し，試行錯誤をしながら課題克服に取り組んできた．元福岡農業改良普及所の宇根 [1987] は，『「指導」が百姓と指導者をダメにする』という特集において，普及員は，「指導」から「助言」へ主体の転換が必然であり，「助言」の域をさらに抜け出て，共に試みる，共に学び合う「共働」とでも言いうる関係が重要であることを主張している．日本の生活改善が示しているように，人材育成は一朝一夕で実現できることではなく，コツコツとした取り組みがつながっていく過程の中で実現できるのである．元普及員の西村良子さん自身も生活改善の取り組みにおいて試行錯誤を繰り返し，生活改善実行グループの女性たちとの相互啓発を通して，ひとりの人間として成長し，ひとりの住民として，今，農村社会で活躍するなど，日々成長を目指しているのである．

　ここで整理しなければならないのは，途上国の農村社会へ生活改善のアプローチを応用した場合，普及員をどう位置付けるかということである．ここでは，普及員のような役を担うアクターが途上国の農村社会に存在することは必要条件となるが，途上国の農村社会に日本の生活改善を導入する日本側のアクターも普及員と類似の役割を担う必要があり，二重の普及員的なアクターが想定される．ゆえに，この二重構造のなかで，台所改善や食生活改善等の個別な技術の普及活動のみが移転されることではなく，日本側のアクターが，どれだけ途上国の普及員を「考える普及員」として育成できるか，そして，その向こうに存在する人びとを「考える農民」として育成できるかが問われている．この多重構造で課題を解決し続ける累積的なアプローチにおいて，日本側のアクターも「考える支援者」として成長していくプロセスにかかわっていることを自覚する必要があるだろう．

　効率をあげるために効果的なのは「画一化」することであるが，農民や普及員，支援者等の人材育成は効率性のみを重視していては実現できない．さらに，農村社会が一筋縄ではいかない多様な形態をもつがゆえに，画一化して取り組むことは不可能なのである．モデルの模倣は容易であるが，そうではなく，当

事者たちが試行錯誤しながら取り組んでいく過程においてのみ，日本の生活改善の応用は可能である．

付　記
本章は，辰已［2012］をもとに，さらなる聞き取り調査を行ったうえで大幅に書き直した．本研究は JSPS 科研費（課題番号26301028，15K14817）の助成を受けたものである．

注
1）　日本の家族社会学や農村社会学の泰斗である有賀喜左衛門（1897-1979）が「調査になっちゃダメなんだよ．（中略）難しいですよこれは．人間が修行するんだからね．（中略）おつき合いができなければいつまで経ってもいいこと教えてくれないよ（北川編［2000］）」と述べている調査姿勢から示唆を得ている．
2）　農業改良助長法には「専門技術員は試験研究機関と密接な連絡を保ち，専門の事項について調査研究するとともに改良普及員を指導する」と，その任務が規定してある［山口県 1969］．
3）　阿武町の地域づくりに邁進されていたが，2006年7月ご逝去．謹んでご冥福をお祈り致します．

参 考 文 献
市田（岩田）知子［2001］「戦後改革期と農村女性」『村落社会研究』8(1)．
宇根豊［1987］『農村文化運動——「指導」が百姓と指導者をダメにする——』106，農山漁村文化協会．
北川隆吉編［2000］『有賀喜左衛門研究』東信堂．
国際協力事業団（JICA）［2002］『開発課題に対する効果的アプローチ　農村開発』．
辰已佳寿子［2012］「むらづくりにおける農家女性の役割」『やまぐち地域社会研究』2．
田村晃祐［1979］『最澄辞典』東京堂出版．
農林省農業改良局［1954］『生改普及活動の手引き（その1）』．
藤井チエ子［1999］『農村文化運動——農村女性・高齢者あの活気から明るい未来が見えてくる——』153，農山漁村文化協会．
松井範敦・辰已佳寿子編［2006］『いなかと出逢う』国際開発学会第7回春季大会実行委員会．
宮本常一［2008］「調査地被害」『調査されるということの迷惑』みずのわ出版．
山口県農村女性・むらおこし推進室［2006］『山口県における農山漁村女性の生活改善を支えた生活改良普及員の足跡を追って』．
山口県［1969］『普及事業二十年の歩み』．

第3章

農村振興策と
中間組織・人的ネットワークの役割
——宮崎県綾町での事例より——

はじめに

　地域振興や地域活性化という課題やその意識の高まりは，決して新しいものではない．たとえば，明治期の殖産興業の推進期後，1930年後半から1940年代初期の戦時経済期後，1960年代前後の高度経済成長期後，そして1990年代以降のバブル崩壊期後などの期間において存在したが，その内容はそれに関わった中央政府（国家），地方自治体，企業，住民などのあり方によって，微妙に異なっていた[1]．またそのような意識の高まりとはうらはらに，それら地域振興や地域活性化が，必ずしもうまくいったわけではなかった．各地域の経済・社会構造が異なり，また中央集権的な政治や経済の制約を受けていたことも原因の1つだと思われる．

　戦後，特に1970年代の石油危機や公害問題を経験することで，日本人の関心は環境保全型の持続可能な成長や生活の豊かさへと転換し，そうした背景の下，地域の多様性，個性の創出を目指した，地域振興の意識が再度，活性化した．たとえば有機農業・産直の推進，内発的発展や地域主義の提唱，大分県の一村一品運動などを挙げることができる．またこれらの運動の意義として，「上からの命令」によるのではなく，住民1人ひとりの自主性と創意工夫に裏づけられた生活態度によって，"地域づくり""まちづくり"を推進していくことであ

った.[2)]

一村一品運動は，1970年代に大分県から発信されたものの，その一方で，隣県の宮崎県綾町では，「自治公民館制度」(1966年)，「一坪菜園運動」(1967年)や「一戸一品運動」(1968年) など，一村一品運動と類似の運動がすでに1960年代から展開されていた．ところが，これらに共通する要因やその背景については，意外にも，明らかにされていない．

そこで本章では，これら運動の共通点を探る試みとして，1960年代以降の宮崎県綾町の自治公民館制度に着目して，当時の資料，地方史誌などを用いて考察し，農村振興における組織や人的ネットワークの役割を明らかにする．

1　宮崎県綾町の自治公民館制度

(1)　宮崎県綾町の歴史と社会経済状況

1)　綾町の歴史

綾町は，宮崎県の中央に位置し，遠く奈良時代以降，亜梛駅 (現綾町) は，日向の国の国府 (西都市) から，野後 (野尻町)，蝦守 (小林市)，真硯 (えびの市) を通じて，肥後の国 (熊本県) へ抜ける一方，宮崎平野への入り口として，中継地の役割を担ってきた．戦後 (1945年)，綾町の人びとは，主に林業や農業などに従事していたが，1953 (昭和28) 年から始まった綾川総合開発事業 (電源開発) により，多くの技術者や労務者が同町に移入した.[3)] またそれによって，その他の商業・サービス業も発展し，1958 (昭和33) 年，同町は，戦後最多の1万2322人の人口を擁した.[4)]

その後，1960年 (昭和35年) には，総合開発事業の終了，高度経済成長による都市圏への人口移出などにより，同町の人口は1万人を切った．1966 (昭和41) 年に，町長に就任した郷田實氏は振興山村事業補助金などを活かし，産業・生活基盤を整備すると同時に，1967年には「一坪菜園運動」，1968年には「一戸一品運動」を推進し，さらに区長制度を廃止し，「自治公民館制度」を強

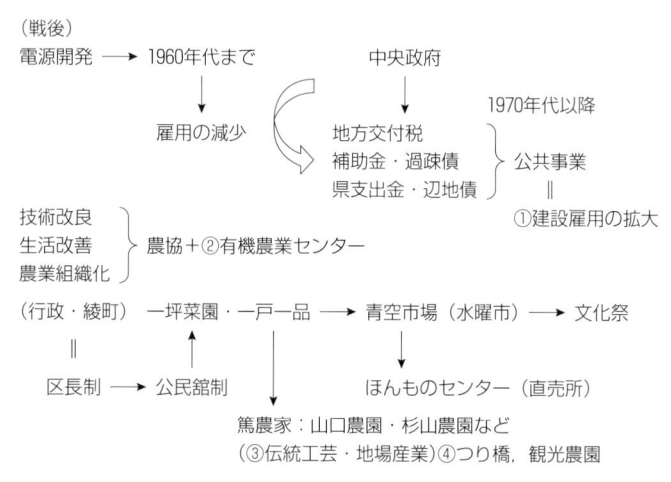

図3-1　綾町の産業配置の推移

出所：筆者作成.

化し，町民の"創意工夫"，"自立自主"によるまちづくり（有機農業の町）を展
開した[5]．そうしたまちづくりの思想・哲学は現町長の前田穣氏（1991年7月～）
にも受け継がれている（図3-1）[6]．現在，綾町には，雲海酒造・酒泉の杜，照
葉大吊橋，国際クラフト城，手づくり本物センター，馬事公苑などの観光施設
以外に，有機農業生産者，杉山農園（ぶどう園），染織工房（秋山真和氏，日高正一
郎氏），グラスアート工房（黒木国昭氏），陶芸工房（川村賢次氏）などの地場産業
が立地していることから，年間100万人余りの観光客が訪れ，高千穂峡，青島
などと並んで，宮崎県の観光入込客上位にランクされている［綾町編 1997］．

2）　社会経済状況（人口推移，就業構造，産業状況，財政）

綾町の人口は2015年現在，7345人で，そのうち65歳以上の人口比率は31.6％
に達する．また同年の就業者数は3687人で，そのうち第一次産業の比率は
22.2％，第二次産業は23.6％，第三次産業は54.2％となっている．なお近年，
第三次産業の就業者数（そのうち高齢者介護施設従事者）が漸増傾向にある（表3-
1）．

第一次産業の産出額は約23億円で，そのうち野菜，畜産（和牛，豚肉）だけで

表 3 - 1　綾町の人口動態，就業者数の推移

年	人口合計	就業合計	第一次		第二次		第三次	
			就業者	比　率	就業者	比　率	就業者	比　率
1970	7,748	7,020	2,237	55.6	652	16.2	1,131	28.2
1980	7,261	3,768	1,411	37.5	1,067	28.3	1,290	34.2
1990	7,385	3,881	1,167	30.1	1,275	32.8	1,439	37.1
1995	7,419	3,994	1,087	27.2	1,164	29.1	1,743	43.7
2000	7,596	3,883	972	25.0	1,087	28.0	1,824	47.0
2005	7,478	3,920	983	25.1	1,052	26.8	1,884	48.1

出所：国勢調査及び綾町統計資料より作成.

その 8 割を占める．第二次産業の産出額は約107億円で，第三次産業は約108億円に達している．

（2）　自治公民館制度とは

1）　自治公民館制度とその活動内容

戦前，社会教育活動は統制的・監督的性格を帯びていたことから，「自らの意志と要求にもとづく，自主的な社会教育の運営」を目指し，綾町でも1953（昭和28）年に公民館条例を制定し，「綾町公民館」を設置した．当初，その運営や役割について，明確ではなかったが，文部省の要領を下にして，総務（公民館報・世論調査），教養図書（文化・講演・図書・社会講座など），産業，生活研究，芸能体育，視聴覚教育の 6 分野を通じて実施された．

　一方，綾町の振興・活性化には，上からの命令ではない，地域住民の創意と工夫が重要であるとの認識が広がり，各区（集落）においても，公民館の設置促進運動が展開された．それを受けて，1948（昭和23）年に四枝区に地域公民館（自治公民館）が設置されたのを契機に，その後，各区に合計22の自治公民館が設置された．最初，区長は自治公民館長を兼ねていたが，それでは当初の目的と矛盾が生じることから，1965（昭和40）年に区長制度は廃止され，公民館長として地域自治に専念することになった[7]．

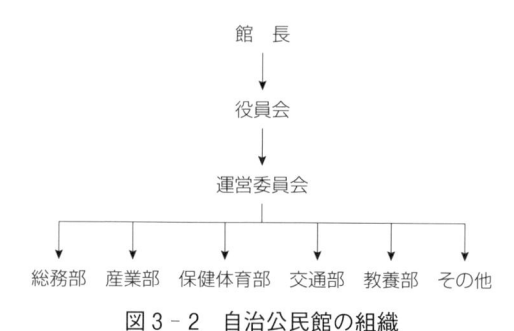

図3‑2　自治公民館の組織

出所：綾町郷土誌編纂委員会編［1991］より.

表3‑2　自治公民館の年間行事

月	行事	月	行事
4月	館長初会，会長選任	10月	産業部長会，体育大会についての協議 民主団体との話し合い，県公連大会
5月	館長会，新人館長研修会 河川を美しくする運動，館長研修会	11月	町民体育大会，公民館文化祭
6月	民主8団体・農協との話し合い 館長会は田植えにて休会	12月	交通部長会，反省会
7月	家屋の清掃，道路愛護月間，交通部長会， ふるさと夏祭り，一坪菜園運動の推進	1月	新年を迎える会，成人式，議会人との話 し合い
8月	地区公民館役員研修会，バレーボール大 会	2月	公民館運動の反省会，新年度の予算に関 する話し合い
9月	敬老の日の行事，九州ブロック大会，壮 年ソフトボール大会	3月	産業部長会，新年度の予算に関する話し 合い

出所：図3‑2に同じ.

　次に，自治公民館の組織活動として，館長の下に役員会，運営委員会が設置され，その下で，予算や決算を管理する総務部，産業振興に関することを話し合う産業部，体育・健康イベントを企画する保健体育部，交通安全を配慮する交通部，各種団体（子供会，壮年会，婦人会など）の育成を考える教養部などが配置された（図3‑2）．そうした組織活動を通じて，**表3‑2**，**表3‑3**のような行事が実施され，そのための予算も配分された［綾町郷土誌編纂委員会 1991］．このように各自治公民館は各部会での話し合いの場を通じて，自らの意見や考えを反映させると同時に，必要となれば，行政への陳情・要望，さらに条例の制定を働きかけることも行った.

表3‐3　公民館関連の予算の推移

1970年	なし.
1971年	なし.
1972年	巻頭で「公民館運動と民主団体活動の推進」事業が実施. 教育費のうち, 公民館活動：250万円, 自治公民館連絡協議会：5万円, 尾立公民館建設費：10.6万円が計上された.
1973年	巻頭で「自治公民館活動の推進と人づくり運動の展開」事業が実施. 教育費のうち, 自治公民館運営補助：250万円, 尾立公民館（用地補助）：6万円, 南麓公民館改築補助：20万円, 自治公民館長研修補助：35.7万円, 自治公民館長会補助：5万円, 人づくり公民館活動補助：8万円が計上された.
1974年	なし. 教育費のうち自治公民館運営補助：300万円, 公民館建設補助：70万円, 公民館長会補助：5万円が計上された.
1975年	巻頭で「自治公民館を中心とした青少年健全育成活動の推進」事業が実施. 教育費のうち自治公民館運営補助：400万円, 自治公民館長研修補助：28.6万円, 自治公民館長会補助：5万円が計上された.
1976年	巻頭で「自治公民館の整備と活動の強化, 青空市場の開設」事業が実施. 教育費のうち, 自治公民館活動：500万円, 公民館連協補助：5万円が計上された.
1977年	巻頭で「母と子の公民館活動の実施」事業が実施. 教育費のうち, 母と子の公民館活動：173.1万円, 自治公民館活動：22.6万円, 自治公民館長活動：6万円, 自治公民館整備：184.2万円が計上された.
1978年	なし. 教育のうち, 自治公民館活動運営：660万円, 自治公民館連協活動：10万円が計上された.
1979年	なし. 教育費のうち, 自治公民館活動運営補助金：720万円, 自治公民館連協補助金：10万円, 自治公民館長外研修補助金：57万円が計上された.
1980年	巻頭で「自治公民館主催による文化祭や生きがい対策の推進」事業が実施. 教育費のうち公民館活動研修：23.3万円, 家庭菜園：29.8万円, 公民館図書等：111.9万円, 自治公民館整備：129.8万円が計上された.
1981年	なし. 教育費のうち, 自治公民館活動：1100.1万円, 自治公民館整備：288.4万円, 町公民館整備：664.3万円が計上された.
1982年	なし. 教育費のうち, 自治公民館文化祭：63万円, 公民館大会：19.9万円が計上された.
1983年	なし. 教育費のうち, 自治公民館文化祭：71万円, 花いっぱい運動：5万円, 家庭菜園奨励事業：35.4万円, 自治公民館モデル地区活動費：20万円, 公民館大会：50.5万円, 自治公民館長研修費：66万円, 自治公民館整備事業：121.3万円が計上された.
1984年	なし. 自治公民館活動費：88.6万円, 生活文化等活動推進費：210.1万円, 一坪菜園配布用種子代：27.3万円, 公民館図書：139.8万円, 公民館総合補償制度31.5万円, 自治公民館整備補助：121.8万円を計上した.
1985年	なし. 自治公民館活動費：91.1万円, 自治公民館整備補助：100万円, 自治公民館長研修費補助：66万円, 公民館倉庫建設：75万円, 公民館カーテン工事：23.2万円が計上された.

注：「なし」は報告書巻頭での“公民館に関する記載なし”を意味している.
出所：図3‐2に同じ.

2）　公民館制度の機能と問題点

　公民館制度（1965年‐）は, これまでの「区長制度」——行政（町村）が政策立案したものを政府（中央）に伝達し, それを受けて政府は命令（予算措置）を下し, 行政はそれを住民に伝えるというもの——とは異なり, まず公民館ごとの意見や考えを, 公民館長を通じて, 行政に伝えた上で, 次に行政から担当者

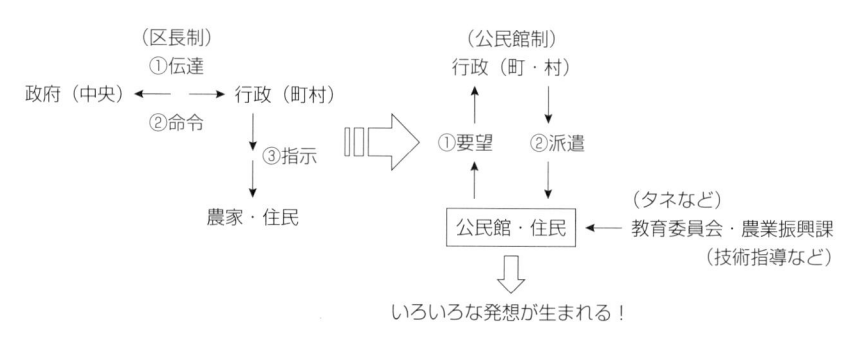

図3‑3　区長制度と公民館制度

出所：現地での聞き取りより作成.

表3‑4　公民館館長の交代回数の比較

倉　輪	8	宮　谷	6	神　下	4	杢　道	7
上　畑	7	二反野	5	東中坪	6	割　付	6
四　枝	5	古　屋	6	西中坪	4	尾　立	3
中　堂	5	昭　和	6	南　麓	5	竹　野	5
揚	4	宮　原	8	麓	4		
立　町	4	久木の野	16	北　麓	4		

出所：図3‑2と同じ.

が派遣されるというものに変わった．簡単化すれば，議論をする位置が行政か
ら公民館へと移ったということができる[8]（図3‑3）.

　契機として，郷田町長が当時，町財政が緊迫（電源開発が終了し，税収が確保で
きなくなったことや，健康保険料の負担が増加したことなど）していたことから，住民
自らがまちづくりに参加するように促した[9]ことにあった．その結果，公民館と
住民が行政から独立することで，一体感が生まれ，その後，肥料増産運動（1963
‑1964年）→一坪菜園・一戸一品運動（教育委員会がタネの購入費用，農業振興課が技
術指導などを提供：1967‑1968年）→有機農業推進（1970年‑）へと繋がっていった.

　一方，問題点として，各公民館の館長や農家のやる気のあるなしで，上記の
結果も一様ではなかった（館長が農家の意見を代表することが前提となる）．またそ
のことが公民館活動の形骸化を導き，行政依存に傾斜する農家も少なからずあ
らわれたことである．たとえば，**表3‑4**は1965年から1982年までの集落ごと

の公民館館長の交代回数を比較したものであるが，全集落の館長平均交代回数は5.8回，最高は16回の「久木の野」で，最低は3回の「尾立」であった．聞き取りによると，交代回数が多い集落ほど，組織が不安定で，一方交代回数が少ない集落ほど，住民同士協力し，各種の活動を行っていたそうである．

2　綾町の有機農業への取り組み

（1）　綾町の有機農業への取り組み

1）　綾町の有機農業への取り組み

　綾町の有機農業推進の契機は，1966年に，当時の町長（郷田實氏）が，農薬や化学肥料の多投による健康被害，地域内の食料自給率の低下（町外から野菜を購入），そして痩せた農地などの克服を目指し，「生態系農業」への推進を唱えたことにあった[10]．

　郷田氏は，農協の組合長であった頃（1963年頃）から，「肥料増産運動」を開始し，それを土台として，1967年には「一坪菜園運動」，1968年頃には「一戸一品運動」などを展開した．その後，1970年代には，「液肥工場」「堆肥工場」などを建設し，循環型農業推進の環境を順序立てて，整えていった．

　1980年代に入ると，綾町や農協は，一気に有機農業に対して，積極的な態度——たとえば1983年には，北九州生協組合（「GREEN COOP」），1985年には有機農業野菜に対する「価格補償制度」，そして1988年には「自然生態系農業の推進に関する条例」などを制定——を示した．このような取り組みや宣伝活動が功を奏し，すこしずつ「有機農業の町・綾」というイメージが全国に知れ渡るようになった．以下では，地区別に有機農業の受容状態を概観する．

2）　尾立地区と崎の田地区の有機農業（化肥・農薬使用の状況）

　「尾立地区」は綾北川・綾南川の丘陵地（中山間地域）に位置し，約44戸の農家で形成されている．戦後，多くの農家は，この地区に移住し，米，麦，甘蔗などを栽培し，その後，みかん栽培・養豚養鶏などに転換し，現在は露地栽培

表3-5　綾町の農家経営の特徴

農家番号	経営耕地面積	農薬・化肥使用など					出　荷　先				
		露地野菜			施設野菜		農協	市場	本物	直販	ほか
01	600	100	○ ◇		0		○		○	○	
02	440	120	○ ◇		0		○				
03	230	200	○ ◇		0					○	○
04	200	80	○ ◇		0		○		○	○	
05	170	80	○ ◇		0		○				
06	155	70	○ ◇		0		○		○		
07	140	0			0		○			○	
08	129	112	○ ◇		0		○		○		
09	100	100	● ◆		0				○		
10	80	50	● ◆		0				○		
計：尾立	182.8	70.5			4.6		9	0	7	4	2
11	118	0			30	● ◆	○	○			
12	110	0			32	● ◆	○		○		
13	100	0			20	● ◆	○		○		
14	100	0			20	● ◆			○		
15	100	0			40	● ◆			○		
16	92	2	● ◇		30	● ◇			○		
17	90	0			28	● ◆	○		○		
18	81	6	○ ◇		0		○		○		
19	70	0			30	● ◆			○		
20	58	0			33	● ◇			○		
計：崎の田	75.7	1.8			21.0		7	6	5	0	0

注：経営耕地面積・農薬化肥使用の数字はアール，出荷先は農家数を示している．また出荷先の「本物」は綾町の直売所を示している．○は農薬，◇は化肥を示し，白は無農薬・無化肥，黒は減農薬・減化肥を示している．
出所：河本［2005］より作成．

を中心にして，営農活動（野菜や柑橘系を栽培）を行っている．一方，「崎の田地区」は，綾南川と綾北川が合流する部分（国富町寄り）に位置し，約45戸の農家で形成されている．本来，土壌が粘土質であったため，水田やビニールハウスでは，主に米や野菜などを栽培している．

　表3-5は，綾町「尾立地区」と「崎の田地区」の耕地面積，農家経営の特徴を比較したものである．まず経営面積について（多くは夫婦2人で農業を営んでいる），「尾立地区」は，比較的広大な土地で露地栽培を行っていることから，

平均182.8アール，「崎の田地区」は，施設栽培中心であることから，平均75.7アールである．尾立地区の方が約2倍以上，経営面積が大きい．

次に，農薬・化肥の使用の有無について，「尾立地区」は，無農薬・無化肥栽培が多く，一方，「崎の田地区」は，減農薬・減化肥が多くなっている．

以上のことから，これら集落間での農業の取り組みの違いは，第1に，地域的な特色の差異——中山間地域か，河川敷・粘土質かどうか——に原因があること，また「尾立地区」は，本来，有機農業の導入には積極的でもあったことにある（Ktさんのような先駆者がいた：以下で紹介）．第2に，農業経営規模の差異——「尾立地区」には，比較的広大な土地が存在することから，経営面積が大きく，「崎の田地区」は河川敷（営農可能な土地は少ない）にあることから，それが小さい——に原因がある．

（2） Ktさんの事例

1） 営農の歴史

Ktさんの農業経営思想は簡単で，本人いわく「虫に食われるような作物は虫のエサであって，人間の食べるものではない．虫のつかない作物であってこそ健康な作物である．それには無肥料に限る」という．

綾町の尾立地区にある2.5haの畑では，約25種類（ブロッコリー，キャベツ，大豆，さといも，しょうが，エンドウ，カボチャ，大根，カブ，ニラ，オクラ，ニンニク，玉ねぎ，ニンジン，ゴボウ，なすび，ホウレン草，白菜，トマト，じゃがいもなど）の野菜を栽培している（図3-4）．

これらの野菜は，宮崎市内のレストラン，スーパー以外に約200世帯の消費者へ毎週火曜日と金曜日に宅配している．

Ktさんは，高校を卒業後（昭和40年代），父の後を継ぎ，化学肥料を多量に使い，みかんの栽培を行っていたが，その後，輸入自由化で価格が暴落したことから，少しずつ，野菜栽培（有機農法）にも手を広げていった．そのころ（昭和50年頃）に，W大学出身のGm氏と知り合い，野菜の宅配をするため，宮崎市

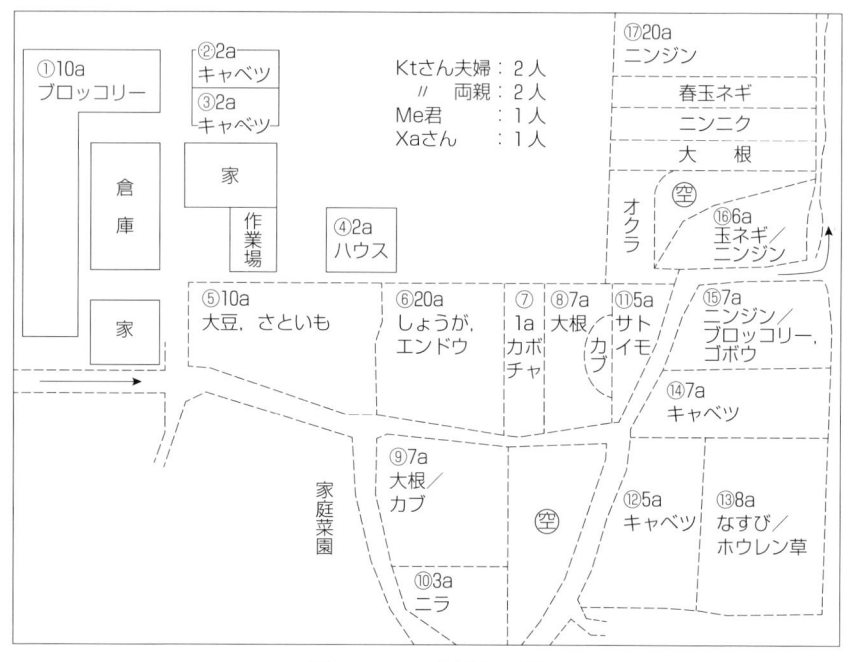

図 3 - 4　Kt 農園配置図

注：a はアールを示している.
出所：Kt さんからの聞き取りより作成.

　内でパンフレットを1000枚ほど配ったが，反応があったのは 2 人だけであった.
4 カ月後，市内・大塚団地の「無農薬野菜を食べる会」の人と出会い，それが
転機となって，350世帯余りの顧客を獲得した．その後，平成に入り，雑草や
刈草などの有機物や EM（有機微生物群）農法を通じて，土ごと発酵させながら
農作物を12年余り育てて来た．そして，2004（平成16）年頃から，炭素循環農
法を試みるようになった.

　炭素循環農法とは，その提唱者である林美幸さんによれば，「自然界では落
ち葉や草などが微生物に分解されて天然の養分になる．畑に肥料を入れれば，
作物は肥料で育つ．養分と肥料分の違い．無肥料栽培では，廃菌床や雑草，木
材チップなどの炭素比が高いものを投入することで，微生物により天然の養分
が生成され，それにより作物は育っていく．肥料の世界には肥料の技術があり，

無肥料の世界には無肥料の技術がある．それぞれの世界では正しい技術ですが，肥料の世界の技術を無肥料の世界に持ち込んではいけません」という．Kt さんは林さんと出会うことで，本当に"虫のつかない"炭素循環農法を始めることにしたと述べている[11]．

2) 経営方法

2.5 ha の畑に，しめじ製造工場で仕入れてきた廃菌床を 1 a 当たり約1800キロ（4500円）を散布し，土に抄き込む．その後，国富町の種苗店で購入した種を蒔く．大根，ニンジン，とうもろこし，大豆，カブ直播き，ブロッコリー，キャベツ，白菜，きゅうり，カボチャ，トマト，なすび，ピーマン，にがうりは苗に育てた後，定植する．さといも，にんにく，じゃがいもは自分で種をとる（コスト軽減）．

これらは宮崎市内の顧客200世帯とスーパー，レストランに週 2 回に分けて配達する．世帯当たり，週に700円（1 袋100円で，約 7 種類の野菜を販売）購入してくれるので，年間の売上高は700円×200世帯× 4 週×12カ月＝672万円になる．そのうち費用は平均30％になるので，純利益は差し引き約470万円（70％）になる．また助成金（中山間地域のみ）を20〜30万円支給されるので，年収は500万円程度になる．余裕をもって生活できればよいので，これぐらいがちょうどよいと Kt さんはいう．

これに対して，同じ綾町できゅうりのハウス栽培をしている農家（Gp さん）の年間売上高は1200万円であるが，そのうち費用が720万円（60％：燃料費，苗費，農薬費，維持費など），純利益が480万円（40％）になる．この農家は高級きゅうりを栽培し，そのほとんどを農協を介さずに，地元スーパーや大阪・京都の料理店に宅配している[12]．ところが，純利益は Kt さんとほとんど変わらない．

以上のように，Kt さんの事例を通じて，その特徴を整理すると，第 1 に，経営方法が，利益獲得重視ではなく，人の「健康」が生活を安定させ，それが生活の糧：収入につながるといった，「生活の質」を重視していることである．これは内発的動機づけがうまく機能している例とも言える[13]．第 2 に，リスク分

散型の栽培を行っていることである．2.5 ha の畑に，25種類前後の野菜を栽培することで，単作による収入減を緩和することが可能である．このような知恵は，今に始まったことではなく，「持たざるもの」の術として，活用されてき[14]た．第3に，集落を単位としたネットワークと，集落を越えたネットワークを維持管理していることである［松井 1997］．Kt さんを中心とした集落ネットワーク（閉鎖的）は，1960年代の公民館運動の時期に形成され，その後，外部者との出会いを通じて，外部ネットワーク——つまり，創発的ネットワークが付け加えられた．

3　石川の「適産調」と自治公民館制度の比較

（1）　石川理紀之助の「適産調」とは[15]

ここでは，明治期の「適産調」（農村計画）と「自治公民館制度」を比較し，その特徴と意義を検討する．

　石川は，明治期（1900年前後）に活躍した，秋田県出身の農家（地主）兼県庁職員である．当時，彼は農会の全国的な組織化，種苗交換会の創始，そして歴観農話連（農民の自主研究会）を設立するなど，内発的な自力更生計画——「適産調」などを中心に，多数の農村調査・計画を策定した．

　そのなかでも，特筆に値するものとして，「適産調」と呼ばれる，彼独自の農村計画が挙げられる．日本農業発達史調査会によると，「適産調の目的は，町村是を定め，現今の町村の衰頽を回復せしめ，将来の維持方法を設け，且つ実行の順序を確定せんための本源を探知し，将各自をして農家の本分を尽くさしむるよう公共心を養ひ，又町村経済の基礎を強固にし，以て自治制の完全を得せしむるにあり」と述べている．[16] 適産調には，農業技術の普及だけでなく，各農家の自治に基づく，農村振興にその重心があることが窺われる．

　そして，その具体的な特徴は，以下の6つに要約できる［祖田 1980］．

① 自耕研究を旨とする中規模の耕作地主，石川理紀之助の独創になるものである．

② 近代的土壌学を摂取し，かつ日本の伝統と経験を生かし，適地適産の観点から農事改良を具体的に指し示した．

③ 前田正名の町村是運動に触発されて，生まれたものである．

④ きわめて総合的な農村計画である．

⑤ 勤倹貯蓄が徹底して推奨されている．

⑥ 集落中心の農村計画である．

　これらからわかるように，集落を中心とした農家自らの自耕・自作を通じた農村計画であり，所有の限度は自耕の限界であるとの思想が貫かれている[17]〔同上書 1980〕．そして集落が重要であるのは，地域の特質，作目上の相違，目的の相違などが集落ごとに異なり，また集落を自治の制の単位とすることで，官制農村振興ではない，自力更生の計画的農村振興が可能であったからである．

（2）　適産調と自治公民館制度の共通点

　それでは，適産調と自治公民館制度との共通点とは，何なのであろうか．たとえば，第1に，農村経済の発展を中心にしているのではなく，健康・衛生，教育・道徳，文化，慣習など，生活改善全般にわたって，その方法や内容が含まれていることである．第2に，行政からの命令ではなく，地域内のリーダーが中心となり，その考えをまとめ，そして自力更生的な計画を行政に反映させていることである．第3に集落ごとに適した品種や作物を考え，それを実践し，そして改良していく，農村計画である．

　以上が適産調と自治公民館制度との共通点であるが，それはやはり，集落を単位とした自治的農村計画とでも言うことができる．それでは，なぜ集落が中心とならなければならないのだろうか．それは第1に「経済におけるや昔に変わらず，……村徳自ら備りて一団体をたしたるものなれば将来もこれを以て自

治の制を立べきが甚だ便利なり」との理由があることと，第2に養蚕，製茶，織物などの副業・工業製品とは異なり，農業の場合は，集落ごとの協力関係が重要となるからである．また集落ごとに，郷土愛，田地愛，小作人の奨励，経営資本の融通，小作料への配慮，農事改良への熱意をもった地主（耕作）が中心となることで，集落の衰退（貧乏の種）から回避できるからだとしている［同上書 1980］．

　綾町での自治公民館制度の導入契機も，行政の下請け機関ではなく，各自治公民館長を中心に集落ごとの意見をまとめ，町財政の負担軽減，町民の自力更生と生活改善の育成を促すことであった．そして当時のそうした集落単位の活動や，そこでの住民たちの積極性が現在の綾町の有機農業への取り組みや農村振興策にも繋がっていると考えられる．

おわりに

　本章では，宮崎県綾町の「自治公民館制度（1960年-）」を取り上げて，統計資料，地方史を使用し，農村振興策との関連性（特に人的ネットワークの役割）とその発展の方向性を考察してきた．

　その結果，第1に綾町での自治公民館制度は，区長制という縦割りの権力構造を緩和し，できる限り，集落単位で思考する能力を醸成することで，住民の自立発展を促すというメリットがあった一方で，その善し悪しは各集落で一定ではないことがわかった．第2に，そうした地盤の上に，一坪菜園や一戸一品などの活動へと発展し，現在の「有機農業の町・綾」に繋がっていることがわかった．第3に，それら集落単位での活動の内容は，集落をまとめる人材（集落内・外のつなぎ役：互助扶助システムという）の有無やその集落の条件（中山間部か平野部か，農業中心か副業も含むかなど）の違いにより，その後の集落単位での発展の違いに，少なからず影響を及ぼしていたことがわかった．

　最後に，これらの結果を確認した上で，今後の農村振興のあり方を述べると，

周知の事実として，いわゆる，有限の物質社会のなかで，無限の成長や欲望を追求することには，すでに限界がきており，かつて日本でも公害の発生とともに消費者の運動が開始され，また1970年代からは「産直運動」が展開された．この産直提携は，地域で作られた新鮮で旬の農作物を届ける点で，大企業による流通ネットワークに代替する可能性をもち，かつ一部若者の参入・雇用創出にも貢献する特徴をもつ．当然，綾町での集落を単位とした自治公民館制度の実施やその後の有機農業推進などは，その先行事例であり，一定の意義が見いだされる．その意義とは，自分たちでできることは自分たちで行うことである．またそのアイデアや行為を行政あるいはそれに類似の組織がくみとり，他の集落，地域に紹介していくことである．そしてこのような仕組みは本書第1章や第2章で紹介された事例にも存在し，今後の農村振興策を実施する上で欠かすことのできないものとなるのではなかろうか．

注
1）　たとえば明治20年代後半から30年代にかけて，前田正名が「町村是運動」（地方産業振興運動）を展開し，殖産興業のような上からの産業革命ではなく，漸進的に近代工業を導入していく意義を唱えた．前田のこの思想は，現在の中小企業問題を考える上でも有益である［太田 1991］．
2）　1980年代以降，テクノポリス構想の指定外の村々は大分県の一村一品運動のような安上がりの地域政策を提起することになった［岡田 2005］．
3）　当時，ダムを作ったり，発電所を作ったりするために，全国から約1000人もの技術者や労働者が綾町に移入した．彼らは体格も良く，酒も多く飲んだことから健康を害するものもいた．
4）　日本の国土政策は戦時下に成立し，それはナチスドイツの国土計画やソ連のゴスプラン（国家計画委員会）をモデルとされた．その範囲は日本国内にとどまらず，中国の東北部をも含む「大東亜共栄圏」とされ，当然，その目的は日本の軍事力を通じた，資本や資源の効率的な獲得であった［佐々木 1977］．
5）　一方，梶田によれば，過疎地域対策として，1960年代からは公共投資財源の配分強化，1970年代からは過疎債の新設，1981年からは高齢者福祉に関する費目の新設によって，固定費用が増加した［梶田 1999］．また安東らは，財政依存の産業構造が昭和40年代から形成されてきたと述べている［安東 1986；岡橋 1997］．
6）　綾町についての論考として，河本［2005］，北崎［2002］などがある．

7）　区長制度は，1954年，町内会などの長を行政末端の特別職の地方公務員として委嘱することによって，間接的に町内会を利用することが便宜であるとの理由から設置された．[中田監修・東海自治体問題研究所 1992]．また公民館とは「住民の学習と創造的な活動の場を提供する総合的教育施設である」（学校教育事典）と定義され，戦後の日本で，住民の教養の向上，健康の増進，情操の純化を図り，生活文化の振興，社会福祉の増進に寄与すること」（社会教育法第20条）を目的とした．

8）　公民館制度を分析したものとして，小林編［1999］，朱膳寺［1985］などを参照．

9）　肥料増産運動は，①化学肥料，農薬による身体への影響の反省，②水害が多く地力が豊乏であることへの課題，③農家当たりの耕地面積が小さく，町外から野菜を購入していたことなどがきっかけであった．

10）　ロバート・マルサスによれば，その著書『人口論』のなかで，人口増加が食糧増加を凌駕し，そのため人口の抑制を主張した．したがって，経済成長の限界も指摘している［マルサス 1973］．

11）　林さんとは「現代農業」（農文協）を通じて，知り合ったという．

12）　綾町できゅうりを栽培する Gp さんによれば，農家（組合員）は農協を通じて JA アグリから苗を購入しているので，農協は常にその販売量から農家の出荷額を把握しているという．また同氏によれば，年間約18トンのきゅうりを生産し，そのうち A 級は宮崎中央卸売市場へ出荷（1200円／5キロ），特 A 級は宅配便で大阪や京都へ直販（1800円／5キロ）している．

13）　心理学者のデシ（Deci）は，実験を通じて，金銭的な動機付けではなく，内発的な動機付け（金銭的な報酬ではなく，活動から喜びや楽しみを導きだす動機付けのこと）があるほうが，その活動に対する満足度は高く，パフォーマンスも良好であるという結論を導いている［デシ 1980］．

14）　近年，共有資源や資源循環型の仕組みを研究した論文が増えつつある．たとえば，三俣・井上・菅編［2010］，富山［2010］などを参照．

15）　日本農業発達史調査会［1954］より．

16）　注15に同じ．

17）　町村是を「一町村を一家の如く」捉える社会会計学的手法によっており，集落を単位として考えてはいない．行政などの影響以外に，作物上，生産規模の違いに原因をもとめている［祖田 1980］．

参 考 文 献

綾町編［1997］『「綾」街道 aya guido』鉱脈社．

綾町郷土誌編纂委員会編［1991］『宮崎県綾町郷土誌』．

安東誠一［1986］『地方の経済学』日本経済新聞社．

大分県一村一品21推進協議会［2001］『一村一品運動20年の記録』．

太田一郎［1991］『地方産業の振興と地域形成』法政大学出版会．

岡橋秀典［1997］『周辺地域の存立構造』大明堂.

梶田真［1999］「地域間所得再分配と縁辺地域——地方交付税の配分構造と政策過程——」
　　『経済地理学年報』45(4).

河本大地［2005］「有機農業の展開と農家の受容——有機農産物産地・宮崎県綾町の事例
　　——」『人文地理』57(1).

北崎浩嗣［2002］「綾町における JAS 法改正後の有機認証と総合基金制度」『経済学論集』
　　56.

郷田實・郷田美紀子［2005］『結いの心——子孫に遺す町づくりの挑戦——』評言社.

小林文人編［1999］『これからの公民館——新しい時代への挑戦——』国土社.

佐々木雅幸［1977］「TVA における草の根民主主義の構想」『経済論叢』(京都大学),
　　119(6).

朱膳寺春三［1985］『公民館の原点』全国公民館連合会刊.

白垣詔男［2000］『命を守り　心を結ぶ——有機農業の町・宮崎県綾町物語——』自治体
　　研究社.

祖田修［1980］『地方産業の思想と運動——前田正名を中心にして——』ミネルヴァ書房.

E. I. デシ著, 安藤延男・石田梅男訳［1980］『内発的動機づけ——実験社会心理学的アプ
　　ローチ——』誠信書房.

富山和子［2010］『水と緑と土——伝統を捨てた社会の行方——』中央公論新社.

中田実監修, 東海自治体問題研究所編［1992］『これからの町内会・自治会』自治体研究
　　社.

日本農業発達史調査会［1954］『日本農業発達史　九巻』中央公論社.

松井隆幸［1997］『戦後日本産業政策の政策過程』九州大学出版会.

ロバート・マルサス著・永井義雄訳［1973］『人口論』中央公論社.

三俣学・井上真・菅豊編［2010］『コモンズの可能性』ミネルヴァ書房.

宮地忠幸［2001］「中山間地域における有機農業の展開とその意義——福島県安達郡東和
　　町を事例として——」『人文地理』53(1).

第 **4** 章

生活改善事業から生活改善アプローチへ
——日本の開発経験のレッスン——

はじめに

　本章では，1948年に始まった農業改良普及制度の下で，生産とならぶ車の両輪として推進された生活改善の経験に基づいて，小規模農業生産者を前提とした農村開発のための生活改善アプローチを提示するとともに，その特徴を明らかにする．

1　生活改善における変化の型
——生活改善アプローチ——

　本節では，農業改良普及事業で取り組まれた「生活改善」におけるカイゼンという変化の「型（パターン）」を取り上げる．なぜなら，生活改善において重要なことは，農家の人びとが生活改善の活動や事業に取り組むことによって引き起こされる人びと自身の行動変容だからである．

　第1に，途上国開発における開発とは「目的とされる状態への人為的で計画的な変化」という性質を有している．ここでいう目的とは，これまで所得の上昇が中心に置かれてきたが，生産と生活が密接不可分の小規模家族農業経営の場合は生計向上が目的とされてきた．最近になると能力向上，自由，幸福などの増加，拡大，上昇，実現が含まれるようになった．

　モンスーンアジアの小規模稲作農民社会の文脈でいえば，このように捉えられる開発を経営と家計の未分離性を特徴とする小規模家族農業世帯の人びとに受け入れ可能な仕組みで履行し，なおかつその成果を持続可能なものにしようとする限り，既往のものの漸次的改良である改善＝カイゼンに一日の長があるといえる．リスク負担をいとわない企業者でない限り，新規のものによる既往のものの代替，すなわち革新＝イノベーションは，リスク回避を優先する小農民経済の合理的な行動様式に必ずしも適合的であるとはいえないからである．

　日本の農村の場合，第2次世界大戦後の農業改良普及事業で農村の生活改善が拡大した根本的な要因のひとつは，当時の女性農業者にとって喫緊の生活上の課題を直接的な対象に取り上げた結果，たとえば，改良かまどの普及や農繁期の保存食の調理，改良野良着を入り口（エントリーポイント）として採用し，改善の実施による効果が実感できたからにほかならない．それらの分野の改良は，安価でかつ比較的容易に実践可能であったことも重要である．時代を経るに従い，農民生活は高度化し，それに伴い生活改善の課題も当然のことながら複雑化する．しかしながら，リスク回避的行動様式を前提とする限り，農村開発で求められるのは，容易で，直ちに実行可能で，効果が期待できる小さな改良を積み重ねていく「改善型」の変化であろう．したがって，農家の生活改善は，貧困問題に直面している途上国の農民やその世帯員にとって，開発の有効かつ効果的な実践方式ということができる．

　第2に，生活改善の活動や事業の内容についてである．まず，個別的・短期的なものと，累積的・長期的なものとに区分して述べることにしたい．前者は，ひとつとひとつの生活改善課題の解決のための実践的行動であり，後者は前者の累積的活動であり，これがさらに高度な生活改善への挑戦（改善のレベルアップに相当）を可能にするのである．

　ここで留意すべき点は，小規模家族経営における生活改善による問題解決の必要性はその経営展開に伴って常に新たに生ずることである．このことから，生活改善においては，ある時点ごとに取り組まれる活動内容が何であるかは，

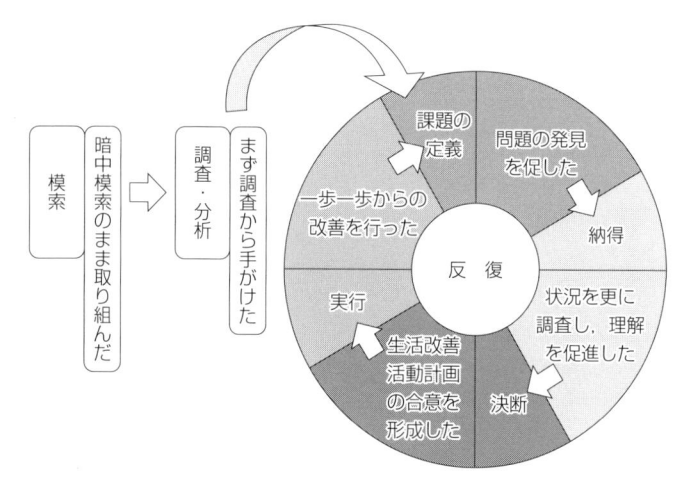

図4‑1　生活改良普及員の活動―問題解決のプロセス―

出所：水野・矢野・服部［2002］を一部改訂.

改善課題の解決を図る人びとによってまちまちであり，また時代によって次第に高度化すると考えられる．このことは，生活改善の活動や事業の内容は常に変化するものであることに留意する必要があることを，われわれに教えている．

　第3に，生活改善の本質的特質について指摘しておく必要がある．生活改善が日本の開発経験として語られる場合，多くはかまど改善や家族計画の寄り合いなどに依拠して表現され，評価される傾向がなお強く存在する．「生活改善＝かまど改善」という言説の固定化は，それほど著しいのである．しかしながら，上述の通り，こうした生活改善に関する言説はまったくの無理解に基づくものといわざるを得ない．第2次世界大戦後の日本の生活改善は，大戦前のそれと全く異なり，農家世帯員に対する教育の一環として取り組まれてきたことを思い起こす必要がある．生活改良普及員たちが，農家女性と活動する過程で創りあげてきた生活改善活動の行為様式は，**図4‑1**に示すとおりである．

　同図から，農家の生活改善の活動が，単なる生活合理主義の導入にとどまらず，生活上の問題（したがって，生産上の問題につながる）の発見，現状調査，解決すべき問題の確定（開発を自ら定義することと同義），問題を解くための課題と

導入すべき技術の選択と決定（生活改良普及員が外部の技術・情報・制度を導入し，紹介した），生活改善活動の決断と履行，評価と反省，そして次なる生活改善のサイクルへと前進していく過程は，まさに問題解決の過程に他ならない．

2　かまど改善にみる農家世帯員の行動変容
——人間開発の一側面——

(1)　はじめに

かまど改善は，燃焼器の技術的改良および普及，すなわち燃料効率を向上させることにより，燃費節約および燃焼時間の短縮を図る技術的側面の改善に終始しない．ひとつのかまどで調理した食物を共食する世帯員の間の社会文化的関係が深く関与する領域であることに注意する必要がある．

そこで，1950年から57年にかけて，兵庫県北部の零細兼業農業地帯の集落を担当した生活改良普及員の活動記録から，かまど改善にまつわる農家世帯員の態度の変容をみることにする．以下は，K生活改良普及員の体験手記［岸本1958］を整理したものである．

(2)　担当地区における生活改善普及事業の開始

1)　活動地区の概要

生活改善普及事業を開始した1950（昭和25）年当時，Kさんが配属された農業改良普及所管内には約1万戸の小規模兼業農家が存在していた．そこで，この中に重点指導地区を設定し，そこから周辺農村に効果を及ぼす普及戦略が採用された．選ばれた集落のうちのひとつであるN集落は，豊岡市の近郊兼業農村で農家戸数は43戸（うち，専業は2戸）であった．そこでは，衰退した兼業の立て直しが経済復興の課題になっていた．

2)　改善問題の発見

対象集落の実態を知る必要に気づいたKさんは，集落農家の世帯員が何を考え，何を要求し，何に困っているかを知るため，1950年12月に衣食住に関す

る管内集落アンケート調査を実施した（調査対象は374戸）．その結果，Ｎ集落については保健衛生に高い関心があるが，最小の費用で実行できることから始めたいとの希望もあることがわかり，これらに基づいて３カ年の活動計画を提案した．さっそく，寄生虫検査は保健婦（当時）から，野菜の施肥技術の改良については農業改良普及員から，それぞれ協力を得て実施した．

３）　農家の抱く「生活改善」

初年度，Ｋさんは，月１回の会合の出席率向上，会合開始時刻の厳守，誰でも発言できること，会の分担作業を積極的に引き受けることなどを心がけて，活動を開始した．けれども，会合を重ねるうちに，出席する農家の多くは，「生活改善は冠婚葬祭の簡素化」という当時の社会通念に影響され，迷信の打破や冠婚葬祭の不合理を取り上げることが生活改善の早道と考えていることが判明した．そこで，集落内に「生活改善推進委員会」が設置されるとともに，実施策の研究が始められ，申し合わせ事項の作成にＫさんも協力した[1]．

（3）　農家の本音

１）　生活改良普及員による活動の掘り起こし

冠婚葬祭簡素化の申し合わせができると，月例の会合の話題が尽きてしまった．さらに，43戸の集落では申し合わせ事項を実践に移す機会は年間に何回もないため，全くの画餅に帰してしまった．そこで，Ｋさんは，生活改善の新たな活動の掘り起しのため，集落農家の訪問を開始した．台所改善に意欲のある農家には，家族員の労力配分と能率の観点から合理的な改善方法を説明した．高齢者がいる世帯では，生活改善に対して高齢者に認識を深めてもらうよう説得した．また，毎月の会合時のリクレーションや余興プログラムなど，出席率向上のための普及技術も学習した．

２）　かまど改善への動機づけ

月例会の話題の中で「かまど改善」の話題が持ち上がったが，その背景は以下のようであった．(a)かまどの訪問販売業者がくるが，どのかまどが良いか．

(b)家計が苦しく燃料の大量購入できず，小売店で割高の薪を購入せざるを得ないのが悔しく何とかならないか．(c)山林がない集落なので燃料の購入費が高くついて困っている．(d)かまど改善の費用を生み出す手はないか．(e)かまどが煙たいので煙突をつけたい．

そこで，Ｋさんはかまど改善の普及手段を考案し，(a)近隣集落農家の燃料調査に基づいて，在来かまどと改良かまどの消費燃料の比較を行い，燃料の節約効果を発表し，誰にもわかるようにした．(b)先行事例の視察により，改良かまどの使用実態をＮ集落の農家に知ってもらうことにした．さらに進んで，(c)費用をかけずにかまど改良を実践するため，集落内の３戸で自家改良かまどを設置し実績展示を実行した．(d)これに続いて，他の３戸が自力でかまどの改良を実施した．(e)その結果，かまど改善による燃料節約効果に対する農家の認識は深まったが，もっと体裁の良い改良かまどに手っ取り早く改善したいという希望が高まった．

（4）　かまど改善の過程

1）　費用の捻出方法

かまど改善を希望する農家に対して「かまど改善貯金」を勧め，３～５年計画で目標を達成することにし，貯金の捻出方法を農家と相談することにした．参加農家は，燃料を共同購入し，安く購入して節約できた金額を毎月積み立てることに決定した．購入する改良かまどの型式と購入方法は会合での話し合いや，グループ員同士の相談，そして生活改良普及員の助言に基づき，農家が自分で決定することにした．この結果，貯金開始後２年間で貯金参加農家の３分の２に改良かまどが導入された．

2）　改良かまどへの批判

かまど改善後に，改善農家からさまざまな批判の声がでてきた．それらは，つぎのようなものであった．(a)かまど改善で燃料代が年間数千円も節約できると生活改良普及員はいっていたが，節約の実感がない．(b)改良かまどの前

で暖がとれず，冬は寒くて仕方がないと高齢者が不満を言う．(c)薪を小さく
割る手間が増えた．(d)炊事時間が短くなった分だけ，農作業の時間が増えた
のでかまど改善は苦痛だ．

（5）　改良かまどの批判から定着へ

1）　薪の使用量調査の実施

ここでくじけてはならないと，Kさんはそれぞれの批判を解決する方法を
考案した．そして，まず改良かまどの種類ごとの燃料調査を実施することにし
た．すると，以下の結果が得られた．

(a)同じ改良かまどであっても，使用者によって燃料消費量が異なること（高
齢者の方が薪を多く使用している）．(b)焚口のふたの使い方によって燃料消費量に
違いが生じること．(c)余熱利用の仕方によって燃料消費量に違いが生じること．
(d)薪の大小・長短によって燃料消費量に差が生まれること．(e)風呂の焚口を
改良すれば，かまどと合わせて燃料代が従来の3分の1で済むこと．(f)燃料の
節約で浮いた費用は，新聞・雑誌購入費，学用品代，食料費に回っていること．

この調査結果を受けて，在来かまどのままであった8戸も急いで改良かまど
を導入しないと損すると考え，集落全戸のかまど改良が完了した．

2）　個別訪問によるかまど使用法の改善

Kさんは，「一軒の家では，ひとつの問題について，誰もが同じ考え方にな
らねば，向上も解決も出来ないことがわった」［同上書 1958：196］ので，戸別
訪問を通じて高齢者にかまどの焚き方の説明を行うことにした．戸別訪問時に，
生活改善のグループ活動に対する家族員の評価やグループ員から家族への働き
かけについても，聞き取りした．

その結果，以下のことが明らかになったという．

(a)家族内では，お互いにグループ活動に対して理解を深める努力はしてい
ない．(b)グループの会合から帰宅しても，家族内で会合について細かく話題
にしない．(c)男の世帯主は，家族（＝女）に聞かせても，理解できるほど知恵

がなく，無駄と考えている．(d)男は世間の事は詳しく女に知らせない習慣があるらしい．(e)主婦は，女が詳しく会合の話をしても男は真剣に聞いてくれない，と思っている．(f)男からは，そんなことはよくわかっているができないだけと一笑されるので，結局，女は話をしなくなる．(g)家族が皆で話しながら夕食でもすると行儀が悪いといわれる．(h)家庭は簡易宿泊所のようなもので，食事をするところと考えられており，農業に追い立てられるあまり，忙しくて改善なぞしておられないといわれる［同上書 1958：196-97］．

このため，Kさんは，「家族を楽しく愉快な場にすること」および「家族一同楽しい話し合いの場を作ること」［同上書 1958：197］を次の課題に掲げることにした．そして，かまど改善の効果が後戻りしないようにすること，また，「かまどの改善を手段として考え，かまど改善そのものが目標とならぬように」［同上書 1958：198］，いつでも事実に基づいて計画をたて実行することにした．

3）　暖が取れない改良かまど対策

暖が取れない改良かまど批判についても，Kさんは実態調査を実施した．その結果，つぎのような在来かまどの評価が浮かび上がってきた．

(a)焚口にふたがなく炎がでるので，暖が取れ，ぬれた衣服の乾燥に便利だ．(b)炎が出るので短時間で体が温まる．(c)炊事中は寒いからかまどの火で暖を取ることが習慣になっている．そこで，炊事場の寒さ対策，かまどの余熱を利用し湯沸かしに用いること，台所を明るくし，かつすきま風の防止策を講じることで，問題解決につなげることにした．

4）　若嫁の悩みに応える

N集落のかまど改善に伴う若妻の悩みの原因を聞き取りした結果，Kさんは次の事がわかったという．(a)農家の働き手は早朝から夕方おそくまで農作業に従事することを，当たり前とする考えが根強い，(b)戸主（男性）は家庭内の仕事はしない，(c)家庭で男に炊事，掃除，洗濯をさせると，男は馬鹿にされているように考える，(d)不平をいわずに働く嫁を働き者とほめる習慣がある．

これらの慣習的観念に対して，Kさんは粘り強く集落の農家世帯員を説得

し，理解を促すことにした．その結果，「自分達の若い時代を思い出し，また自分の娘に対する希望などを反省してもらい，食事の仕度がゆっくりでき，夕方家がきちんと整理でき，子供の世話も十分してやれる時間を嫁に与えねばならぬというふうに少しずつ考え方が変わり実行できるように」［同上書 1958：199］集落の人びと自身の行動変容が進んだ．

（6）　小括──人間開発のエントリーポイントとしてのかまど改善──

　かまど改善に端を発してつぎつぎに生じてくる生活上の諸問題に対して，生活改良普及員 K さんは，担当集落の農家世帯員とともに，常に実態把握に基づき，問題をつかみ取って定義し，農家の人びとに実行可能な解決策としての課題を見出し，技術（使いこなし方を含む）導入によって具体的に解決策を提示し，その実践的な取り組みを支援し，その成果については関係農家の声に基づいて評価するという，問題解決の一連の過程を見誤ることなく生活改善を実行してきたことが理解される．

　N 集落におけるかまど改善に関する各種の調査は，関係農家にとって面白く，かつ暮らしに役立ったことから，やがて台所改善，太陽光温水タンクの設置，カとハエの発生予防などの活動の推進につながった．また，食生活の面や衛生面では，寄生虫駆除，生野菜用の肥料の使用法，ビタミン A 補給法，食用油の利用，動物性タンパク質の摂取などに取り組むようになった［同上書 1958：203］．これらの取り組みも，新しい技術の導入によって家族の生活時間がどのように変化したかを調査し，その結果を確認して，つぎの課題に挑む手順を踏みながら進められた．

　かくして，N 集落におけるかまど改善を手始めとする取り組みは，生活改善に取り組むグループ員につぎのような行動の変容をもたらした．

　(a)改善のための問題解決のために共同精神が身についた（不用品の交換，共同購入，薬剤散布，かまど）．(b)主婦の話題が変わり，集落内の他者の陰口がほとんどなくなり，お互いに自己の欠点が話せるようになった．(c)家族全員が改善

の喜びを味わうようになり，主婦が生活改善の会合に出席しやすくなった．(d)調査，反省することにより，参加した主婦たちの注意力と批判力が養われた．(e)主婦の数字的観念が高まった．(f)人に良いことを教えるようになった．(g)時代認識が高まり，不用品の作り置きが少なくなった．(h)冠婚葬祭について自然に自分たちの生活にあったやり方をするようになった．(i)炊事時間が半減し農作業に振り向けられるようになった．(j)周辺集落の農家の間にかまど改善に対する関心が波及した［同上書 1958：202-204］．

　またさらに，生活改良普及員としてKさんは，ひとつの改善を進める場合，生活のあらゆる側面はもとより，家族関係，集落の社会関係など，あらゆる問題が絡み合っているため，困難と時間がかかることを理解する必要があること，そして，「普及事業の目標（である）常に考え実行できる農民の育成」のために，生活改良普及員自身も「技術の切り売りに終わらぬように常に注意し，普及員自身も農民とともに考える普及員でなければならぬ」ことを強調しておられる［同上書 1958：204］．われわれは，生活改善普及事業が開始された初期の成果として，これらの言葉の重みを十分理解する必要があると考えられる．

3　生活改善活動の多様性
——だれが，いつ，なにを改善するのか——

（1）「生活」概念に規定された生活改善活動の多様性

　生活改善が対象にしている「生活」の概念は，極めて幅広い領域と関係している．また，その中心主体である生活者という人間存在も個体としての多様性と同時に，さまざまな組織の成員としてもまた多様性を有している．したがって，生活の改善は本来的に多様な領域において実践される特質を有するものということができる．ここで，結論を先取りするならば，生活改善は，その活動のメニューは多様性にこそ大きな特徴があるということである．政府の農業政策の一環として履行された事業であることから，画一的に推し進められた農業生産に関する施策と同様に，生活改善も画一的な施策として推進されたように

表4-1　初期の生活改善の活動の取り組み事例

番号	県名	取り上げた改善課題	生活改善普及員の活動・働きかけ	農家あるいは農村組の対応・変化
1	北海道	手洗い、保健所組織の向上、保健衛生意識の向上	農村現場で問題を発掘し、その解決法を指導していただく	農家女性に自覚を醸成、生活改善をするものと強く意識、その解決法に取り組むことを指導
2	青森	お茶のみからいらない活動、手洗いの励行、万年床の廃止	農家を巡回し、実態調査、台所に助言を仰ぐ、集団検診の実施	集落の低所得に向けて干ばつ実施、集落の清掃活動、風呂場の改善、伝染病疾患発生、干ばつ栽培による畑作業の自家消費
3	秋田	誰でもつけられる問題の解決、栄養・住居改善	集落巡り写真を撮影、共励会（当時）によるパンフレット配布、保健指導	栄養改善し親を温存まで、集落の計画出荷、花卉から台所改善意欲が高まる、冠婚葬祭の簡素化を実施
4	宮城	建築・衛生改善	栄養改善講習会と料理講習会の実施、農家の好みの味付けをする、新農業経営・新焼款家・新焼焼材改善	台所改善から希望金が出回り、集落ごとに台所改善、卵貯金
5	福島	台所改善、婦人の過労対策、自給化にする	建築技術の研修、座談会	台所改善によって自分で造れる希望が高まる、集落しやすい時間に会合を開催
7	茨城	婦人の過労対策、生活時間	4Hクラブ員の育成、地域の普及に取り組む	婦人会から料理講習の要望、個別に改善の要望
8	群馬	時間販売	改善住宅の台所改善、座談会	時間の正確な団結力が高まる、材木の各種の催しに参加、集団しやすい時間に会合を開催
9	神奈川	台所改善、4Hクラブの育成	衣食住の生活管理をきっかけ、家庭の時計調べ実施、改善による遅刻者（室前1名）を指導	4Hクラブ員同士の団結が高まる、村材間で連携、台所改善と村役員による年間計画の目改善が自主的にかまど改善、かまど改善が出現
11	山梨	災害からの復興、住宅改善、八王・力のいらない運動	生活実態調査、指定集落の全戸改善、モデル村の賞金支度、かまど改善、優良・廉価なかまど研究	4Hクラブ員、青年団、婦人会、共同で加工所建設、1000戸中3000戸以上に普及、果樹栽培による販売業の自家消費、婚礼農家に
12	長野	かまど改善、台所改善	農村生活実態調査から繁期の生活管理実施、農事訪問で調査結果を伝える	時計に合わせて（かまどづくりで改善が実現した）時間の有効活用が進む、かまど改善が実現した
13	長野	食生活改善を起点に台所改善、食糧材確保、栄養改善、台所改善	典型農家調査、指定農家、村の全戸調査、名称農家くるみ組織、同	農事研究会を母体に生活改善実践、台所改善、生活改善実践グループを形成、タンパク質食材の生産、台所改善を推進
15	石川	主婦の過労→食生活低下→農村文化水準低下の連鎖切断、栄養改善、台所改善	モデル集落の選定と集中指導、講習会、講習会次の催す、その集落全員の台所改善	生活改善実践グループを形成、3ヵ年台所改善、台所改善に基づいた段階的改善を推進
16	静岡	栄養改善、台所改善	生活改善の理解促進、料理講習会、各種調査実施、対象地区、実態にあわせた普及対象を婦人会、同	農事研究会を基盤に生活改善実践、貯金制、料理講習の希望者が高まる、農家の間から改善の希望、農事に熱心な農家に
17	愛知	農業の発展と共に農村の生活改善を生み出す	毎日一軒以上農事訪問、相手を内容に応じた農事の内容・勉強	農家まど改善のことには構橋的に発言、4Hクラブや生活改善のリーダーの協力、外
18	岐阜	励み出し貯金	農家生活実態を全体を把握、薪炭節約を工夫、燃料節約を工夫、社会学級・公民館で男性を説得	農家まど改善のことには構橋的に発言、かまどバージョン、モデル村、改善のための

番号	都道府県	事例名	内容①	内容②	内容③
19	三重	女性グループの育成	衣食住と台所の改善、便所の改善、展示会、輪読会、編綴会。	座談会、月例会、講習会、都の台所改善モデル村に認定。	農村婦人の参加の会が求められた。生活改善ラジオ放送聴取。生活改善田植競争実施。共同田帽実施。男性の協力で台所改善進む。
20	滋賀	農家調査から生活改善へ	農繁期の食事、農業の迷信、農家実態調査と重視、関係機関の連携、回覧板廃除、共同炊事機の導入。	農家実態調査と迷信打破から生活改善、栄養改善。農業クラブの活動。家族ぐるみ改善。	男性から生活改善を歓迎する声が出る。生活改善クラブの活動。女性も芽生える。農村青年と協力。農事を実施して費用は3分の1に縮小。
21	兵庫	かまど改善	農家主婦と懇談、衣食住調査でかまど改善の希望を確認。安価な改良かまどを工夫。	農業改善と懇談、農協、婦人会、パン焼き講習。戸別訪問、資料配布。	生活改善を実施して、珍しいものに魅力を感じ、農閑期を利用しての改善が多く競争して楽しく導入。
22	和歌山	栄養改善（食肉瓶詰、福神漬）	青年団、婦人会、農協、役場の協力を得て打栓機を導入。	婦人会に呼ばれて料理講習。農業改良普及員と協力した料理講習調理の二本立てでプログラムを組む。栄養改善。料理展示。	中小農家の飼育頭数の増加。自家製瓶詰の食品活用した料理。婦人会の会員の間で食生活の節約の意識が高まる。
23	鳥取	蔬菜栽培と栄養改善	農業改良普及員と協力した料理講習、料理展示配布。	婦人会、座談会で弁当試食、料理コンクール実施。	地元農家の手による野菜料理の講習希望。農家庭先、山畑開墾、墾による新しい野菜（たとえばトマト）栽培農家が増加。
24	島根	お金のかからない栄養改善	婦人会、座談会、料理コンクール実施。	小学生の弁当のおかずが豊富化。集落での燃料節約の効果大、油代節約に利用。	
25	香川	共同炊事	集落共同炊事場を設けて、農繁期に経験したことを復活させた（昭和13年に経験したことを復活させた）。反省会で主婦の声を聞き取る。	家計費節約、栄養改善の効果大。農家老人の社会参加の提供（共同炊事当番が割り振る）。	
26	徳島	かまどプロジェクト	既存回収場に生活改善をアピール。旧来の台所講習、かまど立て上げ低価格改良かまどで飯炊き。主婦の関心からかまど改善を図る。	集落ごとに生活改善クラブを組織、生活改善クラブの芽生え。改良かまどの普及。連携生まれる。	
27	高知	台所改善	農家に飛び込みかまど、モデル村へと集落改善を図解して説明し、主婦の関心からかまど改善を図る。	頼母子講水道敷設。簡易水道の普及。農事改良、酪農普及、パン普及。近隣集落・婚出先集落にも普及。	
28	愛媛	生活改善10カ年計画	若者5人組による集落改善普及員がモデル集落づくりを支援し、各種技術、補助金の紹介を集落。	集落ぐるみの生活改善グループ発足。生活改善活動の自主運営に至る。	
29	大分	簡易水道敷設から台所・かまど改善	集落改善普及員が簡易水道普及、資材購入。農繁期共同炊事などを指導、助言。	生活改善新時代を結成。頼母子講を結成。簡易水道およびかまどの改善。余剰時間で養蚕開始。	かまど改善、農林白の共同利用。農事改良、酪農普及、パン普及。
30	佐賀	農繁期婦人の過労緩和、栄養補給	料理講習会を経て、共同炊事案。共同炊事時間計画づくりの支援。	共同炊事の実施。共同炊事時間の理解と協力。婦人の姿が明るくなった。	生活改善への協力活動、小家事改善、小間時間で積極的に活動。余剰時間で養蚕開始。今後の婦人の姿が明るくなった。
31	熊本	台所改善	台所調査、講演会（生活改善、冠婚葬祭）、講習を実施。農家訪問を受講習得。号基築炉。	集落内で台所改善希望が出現、集落協同会。農家出現し村全体で改善開始。	改善への希望が波及。改善協同会。自力改善による改善希望。農家出現し村全体で改善開始。
32	宮崎	女子4Hクラブ支援	クラブ員の栽培、技術の向上、衣食住の改善。クラブの4Hクラブ活動が浸透。調理実習。	毎週土曜日午後に集会所で改善検討。栄養・健康検査、地域社会との密接な繋がりから生活改善推進。	衣食住改善活動、栄養・健康検査実施。寄生虫駆除、栄養改善展示会の開催。座談会、講話を実施。
33	鹿児島	かまど改善、台所改善、生活改善、慣習改善、食	実態調査で改良かまど普及の必要性を確認。かまど普及、慣習改善、食生活改善、慣習廃止。	自らかまど技術研修をし、自らつくって集落普及。かまど利用、公民館自力建設が進む。	集落内で改善希望が出現し改善が波及。農家出現と共に改善の発起から台所改善、ホームプロジェクトを推進する。

注：出所の資料に掲載された全46事例のうち、事例の記載のあった道県より各1件を選択したため、番号は連続していない。
出所：農林省農林政局1951『生活改善普及員活動事例集　第一』より筆者作成。

推測されるが，事実は決してそうではない．

　表 4 − 1 は，普及事業開始年から1951年までの初期の生活改良普及員の取り組み事例と，それに対する農家・農村（集落）側の対応関係を示したものである．それによると，生活改善の対象領域の多様性は一目瞭然であろう．確かに，同表に示した30事例の多くが「かまど改善」「台所改善」「栄養改善」「料理講習」「衛生改善」に取り組んでいた事実も明らかである．しかし，これらの個別分野の改善は，いわばエントリーポイント（入口）としての生活改善であることに注意する必要がある．このことは，表中の「生活改良普及員の活動・働きかけ」ならびに「農家および農村側の対応・変化」の欄に略記された具体的な活動事例をみると，かまど改善をエントリーポイントとして，つぎつぎに芋づる式に生活改善活動が展開していく様が浮かび上がってくる．同表の原資料に取り上げられた事例は当時のいわゆる優良事例とみなし得る．それらの優良事例において多様な分野の活動が生活改善の名のもとに実践されていたという事実は，たいへん示唆に富むものと言わざるを得ない．

　このようにみてくれば，生活改善においては，「だれが，いつ，なにを」改善するのかという問いは，生活主体が定まらない限り意味をなさないということになる．つまり，たとえば，かまど改善をいくら普及させても，それによって生活主体の形成・確立，あるいは行動変容につながらない限り，改良版生活技術の普及になったとしても，人間的成長につながらない．生活の主体が定まり，問題解決型のアプローチによって，生活上のひとつの改善の取り組みがつぎの別の改善の取り組みへと連鎖状に進展していくとき，改善＝カイゼン効果が生活面において如何なく発現され，かつまた改善の実践者である生活主体の人間的成長が促されるのである．生活改善普及事業においては，生活改善のエントリーポイントや活動の多様性が認められる．その一方で，教育論的普及論によって立つ生活改善普及事業がその出口である目的に自ら改善活動を推進する人づくり＝人間開発を掲げていたことの意味は，ここに見出されるのではないだろうか．すなわち，生活改善は，手段は多様であるが，目的は唯一であり，

「考える農民」という人づくりなのである.

このため，生活改善において，「だれが，いつ，なにを」改善するかを，外部者が一方的に決めることは本末転倒である（第2次世界大戦以前の生活改善でこれが行われていたことは，すでに本書の第1章で明らかにされている）．先の**表4‑1**にみるとおり，生活改良普及員が働きかけた主体，すなわち「だれが」は，農家の女性世帯員であったり，農家のその他の世帯員であったり，集落のさまざまな組織であったり，集落それ自身であったりと多様である.「いつ」に関しては，しいていうならば改善の条件が整ったときと言うことになろう.「なにを」については，1950年代の日本農村においては燃料（薪）問題の深刻さのため燃焼効率の観点から燃焼器（かまど）の改善が広く各地で関心に上っていたが，同表をみるかぎり改善活動の分野は実に幅広いものであったことが知られる.生活改善活動の中長期的な変遷については，次節で取り上げることにする.

（2）　外部者としての生活改良普及員の役割

つぎに，生活改良普及員の役割について触れておく必要がある．農業改良普及事業が開始された当時の日本の農村社会においても，また現在の途上国の農村社会においても，そこに暮らす人びとの日常生活は慣習的行為に支配されている．このため，生活改善のごとく自らの日常生活に何らかの改変をもたらす可能性のある事業は容易に採用されたり，浸透したりすることは困難である.このため，生活改良普及員という外部者の果たす役割が非常に重要になってくる．その役割は，生活改善主体に対して，生活改善に関する情報，技術，実践方法，成功事例などの紹介に始まり，改善の実践課程におけるさまざまな支援活動，そして改善活動の評価，さらには次の改善課題の発掘へと続くが，これらにとどまるものでは決してない.

そもそも，農家の世帯員や農村住民にとっては，生活改善が実践可能なことであり，また，社会的にも実践して差し支えないこと（あるいは，実践することがむしろ望ましいこと）の気づき，ならびに行為への動機づけが重要である．この

ような気づきがあって初めて，生活改善活動の実践に自信と正当性が付与されるのである．生活改善の確実な効果に対する期待は，改善活動を推し進めるための強力なモチベーションになる．

ここに，生活改良普及員を始め普及活動従事者の外部者性の意義がみいだされる．また，生活改善の主体になる農村住民自身が，自己の所属する集落社会とは異なる生活状況を直接的，間接的に観察し，あるいは体験する機会を獲得することも，これに劣らず重要なことも指摘しておく必要がある．

4 生活改善の総合性と継続性

（1） 生活改善によってむら改造に取り組んだＯ集落

元来，人間の生活は広範囲の領域を含んでおり，そこでひとつの生活改善活動が実行されると，その影響・効果が関連する他の領域に波及していく．そうすると，また，新たな改善対象やその達成目標への欲求と願望が喚起され，要求となって表出する．こうして，つぎつぎと連鎖のごとく関連する領域における生活改善が進んでいくのである．これが，生活改善の特徴のひとつである．こうした特徴を表現した生活改善の取り組みの好例として，愛媛県Ｏ集落（表4‐1に掲載の28愛媛の事例）のむら改造計画を挙げることができる．表4‐2は，同集落の人びとが生活改善として取り組んだ30年計画の第１期10年（1947-1956年）の改善目標を示したものである．

Ｏ集落の人びとは，生活改善とはむらの改造であると定義した．その経緯は，つぎのようである．1947年に集落出身の当時20歳前後の５人の青年が文化振興会を設立し，青年団，婦人会を巻き込んだ計画づくりに取り組んだ．この青年たちには，第２次世界大戦中に村外居住の体験があった．自分たちの村の貧しさを目の当たりした結果，周辺集落の中で最も貧しかった自分たちの村をせめてふつうの貧しいむらにしたいという夢を抱いて帰村したのである．

文化振興会の青年たちのむら改造は，農業振興と文化建設の二本柱で構成さ

表4-2　むら改造30年計画の第1期10年（1947-1956年）の目標

改造領域	改造項目	改 造 前	改 造 後
健康・長寿	寿　命	61歳	72歳（30年後80歳）
	乳牛飼育頭数	1頭	40頭
	食用油消費量	1人当たり年間864ml	1人当たり年間2340ml（2.7倍）
	裸麦の利用	食用80％，飼料用20％	食用45％，飼料用55％
	小麦の利用	パン用0％，麺用95％，その他5％	パン用18％，麺用72％，その他10％
労働・休養	家族計画	女性1人当たりの出産数5.5人	女性1人当たりの出産数3人
	耕うん機	0台	5台
	脱穀機	1台	8台
	発動機	2台	9台
	製粉機	1台	2台
	精米機	0台	6台
	農用製材機	1台	2台
	リヤカー	23台	48台
	ミシン	3台	39台
	農休日	なし	月2.3日
よい環境	公民館	なし	1棟（約100m²）
	水　道	なし	完成（工事費12万円）
	集落内道路	1800m	2400m
	食品加工実験所	なし	1棟（約40m²，工事費20万円）
	ビン詰加工場	なし	1カ所
	農繁期共同炊事	未着手	1956年春開始
	衛生害虫駆除	全戸ノミ，カ，ハエ蔓延	発生戸数ノミ1％，カ3％，ハエ25％
	台所改善	部分的完成3戸	完成22戸，部分完成13戸
	住宅改善	計画なし	計画策定
稼ぎ・収入	酪　農	0戸	29戸
	水　稲	水田なし	開田計画策定
	葉タバコ	3戸	31戸
	増反計画	1戸当たり67アール	1戸当たり75アール（目標1ha）
	農産物販売事業	なし	46万円
良き社会人	婦人（女性）学級		
	青年学級		
	人の悪口は言わない		
	時間を守ろう		
	先進地視察・講習会・研究活動		
	娯　楽		
	主婦は一家の笑い神		

資料：愛媛県O集落調べ，高岡［2000］，別処［1951］に基づき筆者作成.

れた．その具体策を構想した結果，農業振興としては栄養価の高い作目への転換および乳牛の導入による栄養改善が取り上げられた．また，文化建設の面では豊かな明るい生活を創り出すことが目標とされた．そして，この集落ぐるみの改造計画の期間を30年とし，それを１期10年の３期に区分して実践に移した．

（2）　むら改造計画としての生活改善活動

　むら改造のための第１期10カ年計画（1947-1956年）に盛り込まれた事業分野の第１は「健康・長寿」で，食生活および栄養の改善が基礎に置かれていた．集落住民の平均寿命を第一段階として61歳から72歳に伸ばすことが掲げられた．栄養改善については，タンパク質１日70ｇ，脂肪１日30ｇの栄養基準を満たすため，乳牛を各農家に１頭ずつ導入し，牛乳消費を奨励するとともに，食料油の消費量を年間１人当たり4.8合（864ml）から2.7倍に増加させるとした．さらに，山間村で水田を欠くため，穀物生産では小麦作への転換を図ることがうたわれた．

　第２の労働・休養，そして健康に関する分野については，まず家族計画が取り上げられた．また，共同利用による農業機械の積極的な活用や農休日（目標日数は月平均２～３日）の実施に取り組んだ．

　第３の環境の保全・整備の分野に関する改善にも，実に多くの事業活動が組み入れられている．公民館の自主建設を始め，水場まで生活用水を汲みに行く女性労働を軽減するための水道敷設や集落内の道路の延長工事が，それぞれ計画された．

　第４の稼ぎ・収入の分野は，農業生産の振興と農産物の販売・拡大の二本柱からなる．前者は，すでに栄養改善で触れた酪農の導入であり，第１期10カ年計画では29戸に乳牛を導入することになっている．開田計画もあり，それに伴って増反も目論まれている．農家１戸当たり平均耕作面積は0.67haから，計画期間終了後に0.75haに増加し，最終的には１haまで増加させる計画になっている．換金作物としてのタバコ栽培農家は，３戸から31戸に増やす計画であ

る．農産物の販売目標総額は計画最終年で年46万円となっている．

　最後に，第5の「よき社会人」の分野では，婦人学級や青年活動，集落活動
の活発化，集落住民が仲良く暮らすために「人の悪口は言わない」こと，集落
の寄り合いの集合時刻の厳守，先進地の視察や講習会への参加，自ら生活改善
の課題を設けて研究に努めること，娯楽の時間をもつこと，そして集落世帯の
一家の笑いと健康の源としての主婦の役割に対する認識と尊重など，家族生活
や集落生活に対するさまざまな努力目標が掲げられている．

　O集落の生活改善であるむら改造計画の特徴は，その農業生産および生活
の両面にわたる活動の総合性と，当初から30年という長期的・継続的な取り組
みとして目論まれたことに求められる．本書の第2章で取り上げられた山口県
下の事例においても，生活改善実行グループ活動の長期的・継続的な取り組み
が紹介されているが，この場合は，当初から長期的取り組みとして生活改善活
動が設計されていたのではなく，生活改善活動が生活領域に広くかつ深く取り
入れられた結果，数十年に及ぶ取り組みになったものと考えられる．

（3）　むら改造計画の推進体制

　O集落の人びとがこの大計画のいったいどの部分から実践に取り組んだの
か．実践に必要な技術，資金，資材をいったいどのように調達したのか．ある
いは必要な技術の導入などに関して外部者による助言，指導，支援，援助，協
力等があったかどうかといった点を取り上げることにする．

　1948年の普及制度発足当初から，O集落を含む地区に農業改良普及員が配
置されていた．文化振興会はこれに先立って自力で計画づくりを開始していた
ことから，集落の人びとはこの担当普及員に実行に対する助言を求めることに
した．この農業改良普及員は集落に泊まり込んで相談に乗ることもあった．こ
れにやや遅れて，1949年に，むら改造に取り組んでいる集落のあることを耳に
した生活改良普及員が初めて集落を訪れたことが記録されている．当時すでに
第2年度目にさしかかっていた第1期10カ年計画について，文化振興会から相

談を持ち掛けられた担当の生活改良普及員は，その後さまざまな助言活動を通じて，むら改造計画に盛り込まれた生活改善を推し進めた．この生活改良普及員も当時は交通手段の制約により，O集落に泊まり込んで普及活動に従事した．このような生活改良普及員の献身的とも呼べる取り組みは，当時の日本各地の農村でしばしばみられたことである．このように，集落を担当した農業改良普及員と生活改良普及員とがよく協力してことに当たったことも特筆に値する．

　以上から，集落の側が外部者である農業改良普及員や生活改良普及員（制度も人も）を十分に活用して，むら改造計画を具体的に進めたことが理解される．逆に，生活改良普及員の方からすれば，すでに自力で社会的準備活動の段階を終了している集落において活動を開始することは，零から出発する活動よりもはるかに進捗の早いことが期待されるため，普及活動の受け手と送り手の双方にとってメリットがあった．このことは，たとえば，1949年に生活改良普及員による集落の「生活改善モデル集落」の指定に典型的にみられる．この指定が得られた結果，O集落のむら改造計画における屋内施設の整備が格段に進み，県農業試験場が試作開発した食品加工実験施設としてのパン焼き窯や万能打栓機（ビン詰め用の設備）の設置が，補助金つきで進んだのである．

　O集落の場合，集落は普及員を媒介として行政（町および県）と接続関係を形成した結果，外部から有用な資源や技術を導入することが可能になったということができる．本書の第3章で取り上げられた宮崎県綾町の事例分析においても，集落と行政（町）とを有機的に接続させる仕組みが地域振興を推進する上で有効性を発揮したことが指摘されている．このような農村集落の人びとと外部者との平等的な関係の形成が農村開発において果たす意義は，途上国においても変わりないものと考えられる．

おわりに
——生活改善と開発——

　最後に，生活改善アプローチの特徴や意義をさまざまな面から検討してきた結果を取りまとめておくことにする．

　生活改善普及事業が開始されていらい日本の農村各地で実践された生活改善事業は，外来（アメリカ）の普及制度の一部として日本に導入された経緯がある．けれども，日本の農村における生活改善普及活動は，1940-1950年代に普及浸透していく過程で，現場主義，生活改善実行グループによる集団思考，教育的普及論に基づく人間開発の三側面から，独自の思想および行動に基づいた普及活動を形成してきた[2]．こうした生活改善の活動には，① 在るものからの出発，② 漸進的な変化の推進，③ 小さな改善の累積，④ 人間が中心の活動，⑤ 教育的人間開発，⑥ ステークホルダーの参加，⑦ エンドレスの過程（人生は改善），といった点で著しい特徴がみられる．このような経験から導き出された普及の方法を「生活改善アプローチ」とわれわれは呼んできた［水野 2004］．

　これは，「改善＝カイゼン」の思想と方法によって，より良い状態への変化を実践するための基本的な要件を提示するものであって，個々の，そしてその折々の，あるいはその場その場で取り組まれた活動内容（すなわち，「なにを」）を示すものでは決してない．今日のはやり言葉を用いて表現するならば，生活改善は漸進的変化の OS（オペレーション・システム）であって，アプリケーション・ソフトではないのである．前者は使用可能期間が長いのが特徴であり，後者のそれは短期的であり一過的である．OS としての生活改善だからこそ，今日においてもなお注目すべき効果を農民生活にもたらすことが可能なのである．

　これらの考察から，日本の生活改善の途上国・中進国の農村開発に対する含意として次の3点を指摘しておくことにする（詳しくは終章を参照）．① 生活改善の核心は，「だれ」が生活改善の中心主体であるのかであり，「なに」を改善するかということではないということである．したがって，生活改善の主体が

定まらないと生活改善活動は決まらないのである．②生活改善を「いかに」行うかについては，問題解決の手法に則った生活改善アプローチが有効である．そして，③生活改善が目指す究極の目標は人間開発＝生活改善する主体の形成である．

注

1）　このN集落の事例は，第2次世界大戦後においてなおも，農山漁村経済更生運動期から戦時体制下で国家権力によって強制された「生活改善＝儀礼簡素化」の言説が流布し，かつ申し合わせという集落レベルの規約に基づいてその履行を担保する思考様式が残存していたことを示すものであり，興味ぶかい．

2）　第2次世界大戦直後の疲弊した日本の製造業の再建に際して，占領政策当局は，アメリカの工業生産を模して統計的品質管理などの手法の導入を試みたが，これらは日本の製造業の復興に全く適さなかった．このため，生産現場が直面している問題を生産現場で解決する現場主義，問題解決のための小集団活動（QCサークルなど），工場労働者に対する教育的人間開発の三側面から製造業の生産性向上を目的とする品質管理手法が形成されたこととの類似性が認められ，極めて興味深い［水野 2017：258-59］．

参 考 文 献

岸本うめ［1958］「かまど改善による暮らし方の変化の過程について」，農業改良普及事業十周年記念事業協賛会『普及活動の記録』．

高岡ミエ子［2000］「今なお新鮮，草創期普及の発想と実践」，東宇和地域農業改良普及センター野城会『OBが綴る草創期の記録』．

田部浩子［1993］「生活改善普及事業の変遷」，日本農村生活研究会編『農村生活研究の軌跡と展望』筑波書房．

農業改良普及事業十周年記念事業協賛会［1958］『普及活動の記録』．

別処比早子［1951］「私のモデル部落の歩み」，農林省農業改良局『生活改良普及員活動事例集（第一輯）』．

水野正己［2004］「生活改善アプローチへの提言」国際協力機構『「農村生活改善協力のあり方に関する研究」検討会第3年次報告書（第2分冊），農村生活改善手法適用調査──カンボジア調査・セミナーにおける検証──』．

───［2017］「アジアの産業化と産業転換──日本の開発経験の教訓──」，河合明宣・朽木昭文編『アジア産業論──経済の高度化と統合──』放送大学教育振興会．

水野正己・矢敷裕子・服部朋子［2002］「戦後日本の生活改善運動にみる参加型開発」国際開発学会2002年度春季特別研究集会報告論文集，および口頭報告資料．

海外に広がる農村生活改善

第 5 章

第 5 章

地域保健プロジェクトによる
中国農村生活改善活動

はじめに

　本章では，日本の経験を取り入れた地域保健プロジェクトによる中国農村生活改善活動について考察する．第2節では，日本の戦後の地域保健活動の経験と方法を1980年代から中国各地の農村地域に導入したプロジェクト活動における生活改善活動の事例について紹介し，農村住民の生活改善に対する認識と行動について考察する．中国は経済発展を進め，1990年代頃から東部沿海部の農村においても急速な経済発展を遂げて豊かになり，農村住民の生活環境も大きく改善された．しかし，内陸部の農山村の住民の生活は依然として貧しく生活環境も厳しく発展の速度が遅かった．特に，貴州省は全国でも経済発展が遅れ，自然条件の厳しい農山村を有する．多くの県は国の貧困支援県に指定されている．そこで，日本の戦後の地域保健活動の経験と方法を貴州省貧困対策プロジェクトに導入することが試みられた．第3節では，日本の地域保健の経験と方法を取り入れた「貴州省三都県住民参加による総合貧困対策モデルプロジェクト」の実施状況と生活改善の状況について考察する．

1　日中協力による中国農村地域保健プロジェクト

（1）　日中協力による地域保健プロジェクト実施の背景

　1970年代以降，中国政府は人口急増が社会経済発展に大きな障害になっていることから，家族計画活動を重視し，1978年には家族計画推進を基本国策とし，行政的手段で出産を制限し人口増加抑制を図ろうとした．これを受けて，ジョイセフは家族計画推進団体として，1980年に設立された中国計画生育協会を通じて人びとから喜ばれる家族計画活動の実施を提案し，日本の地域保健活動の経験を取り入れ，寄生虫予防や母子保健活動を行い，地域住民の生活改善を促進し，住民が自ら進んで家族計画を受け入れるようにする地域保健プロジェクトを実施した[1]．

　一方，日本ではかつて，保健婦・助産婦（現在は保健師・助産師と称す）らが，公衆衛生や母子保健・家族計画などのさまざまな保健活動を行いながら人びとから信頼を得てきた．保健婦や助産婦をはじめ，行政も地域のボランティアも単に家族計画だけを扱うのではなく，人びとに健康と生活向上に直接役立つ活動を進めながら家族計画を指導してきた経験がある．ジョイセフは，このような経験をもとに，人口急増問題を抱えている開発途上国に対し，地域保健活動による「人間的な家族計画」を推進することを提案し，プロジェクト活動を推進してきた[2]．

　これらの活動は，政府・地方公共団体などの行政機関，寄生虫学などの専門家，寄生虫検査などの民間組織の三者が連携をとり，地域住民の参加のもとで行われた．日本の小中学校における寄生虫検査は毎年行われ，全国各地の寄生虫感染の状況が把握されてきた．表5－1から，中国の1990年前後の寄生虫感染率は日本の1950年に相当し，2000年始めの中国の寄生虫感染率は，日本の1960年頃に相当することがわかる．同表の数値に基づいて，中国の生活環境や衛生習慣の状況が日本のどの時期に相当するかを想定し，その当時の日本の経

表5-1　日中両国における人体寄生虫病感染率の状況

	年　度	人体寄生虫 総感染率(%)	回虫 感染率(%)	鈎虫 感染率(%)	鞭虫 感染率(%)
中　国	1988-92	62.6	47.0	17.2	18.8
	2001-04	21.7	12.7	6.1	4.6
日　本	1950	63.8	59.6	4.5	—
	1960	22.7	15.5	3.3	—
	1970	2.9	1.4	0.3	1.4
	1980	0.52	0.07	0.02	0.10

出所：許隆祺等［2000］，中国衛生部［2005］，厚生省［1998］より筆者作成.

験や方法を参考にして，地域住民が生活改善に積極的に参加することを促すことによって，効果的な対策に寄与することが可能となる．

（2）　地域保健プロジェクトによる生活改善活動

　中国における地域保健プロジェクトは，1984年から2010年まで行政機関の国家人口・計画生育委員会とNGO（非政府組織）の中国計画生育協会をカウンターパートとして実施された．幾つかのパイロット（実験）地区を設け，原則3年間を実験プロジェクト期間とし，集中的に専門家派遣や人材養成などによる技術協力，資機材提供など行い，プロジェクト実施3年後は各プロジェクト地区が自助努力で活動を推進していくことを目標とした．直接支援したプロジェクト地区は中国31省市自治区の43市県であるが，江蘇省，福建省，甘粛省などは本プロジェクトの手法を取り入れ，各地域の資金，人材，設備を使い自助努力により省内の多くの地域への普及を図った．

　各地の実験プロジェクト地区は，プロジェクト開始当初，住民の寄生虫感染に対する認識は高くなく，ある地域では，行政責任者が，自分たちの地域は寄生虫感染の問題はほとんどないと答え，またある地域の公衆衛生担当医療スタッフは寄生虫感染率が数％しかないと報告することもあった．しかし，実際に寄生虫集団検査法の技術を学ばせ，住民に対して寄生虫検査を実施すると，ほとんどのプロジェクト地区は，**表5-2**のようにプロジェクト開始時の検査結

表 5‑2　第 5 期 IP 地区（1996–1998年実施）プロジェクト郷鎮学童寄生虫感染率

	年度	北京市房山県	河北省隆化県	海南省瓊海市	四川省南部県	貴州省恵水県	陝西省大荔県	青海省民和県	新疆自治区托克遜県
プロジェクト実施対象行政村数		33	40	27	30	45	28	27	21
プロジェクト郷鎮総人口(人)	1998年	39,777	42,709	52,873	31,412	48,991	49,684	45,293	48,540
	1995年	41,157	42,034	51,386	31,418	47,390	48,558	43,357	47,425
農民1人当りの純収入(元)	1998年	3,554	2,449	—	1,517	1,550	981	1,287	1,840
	1995年	3,700	1,509	1,694	703	1,010	650	669	1,201
小学生の寄生虫感染率(%)	1998年	8.8	32.3	38.5	27.9	52.3	23.6	18.4	18.0
	1995年	14.2	64.9	80.0	83.4	90.3	17.4	71.6	5.1

出所：中国計画生育結合項目全国指導委員会・日本家族計画国際協力財団［1999］より筆者作成.

果で高い寄生虫感染率を示し，中には80％以上の感染率の地域もあった．前述の公衆衛生医療スタッフが述べている如く，学童などに駆虫薬を飲ませてから，サンプリングで検査を行い，その地域で駆虫されて虫卵陽性者が少なくなった統計結果を寄生虫感染率にしている場合が往々にしてあった．これは，日本の寄生虫予防の専門家から言えば，駆虫薬の効果を測るための数字で，その地域の寄生虫感染の実際の状況を示すものではない．多くの地域が，回虫・鈎虫などの人体寄生虫症予防対策についてそれほど重視せず，生活衛生環境や衛生習慣が改善されないと，駆虫しても寄生虫の再感染が繰り返される．したがって，人びとが寄生虫検査や健康教育を通じて，生活改善の必要性への認識を高めることが重要となる．

　以上のことから，日本の住民参加を促す地域保健活動の経験を中国農村に取り入れたプロジェクトは，中国側実施機関の国家人口・計画生育委員会や中国計画生育協会から評価され，日本の地域保健の経験が求められた JICA 技術協力プロジェクトの貴州省農村における貧困対策モデルプロジェクトにも導入されることになった．

2　貴州省三都県住民参加型　　総合貧困対策モデルプロジェクト

（1）　プロジェクト実施の背景

2000年12月18日に開かれた外務省「21世紀に向けた対中国援助に関する懇談会」の提言の中で，今後貧困問題の解決を中国援助の重点課題・分野とし，貧困層を対象として，教育と保健の分野で民間協力の推進を中心とした支援活動を実施するべきであると提起した．また，JICA は1997年より技術協力の新しいプロジェクト「開発福祉支援事業」を実施し，社会福祉の強化，地域の貧困問題の解決を目的として，地域の住民が直接利益を受け，全住民が参加して共同で実施することを趣旨としている．この事業は，地域に密着して開発協力活動を行う民間援助団体（NGO）を実施機関とし，社会援助が必要な者や貧困人口のために，自立した生活を送るための技能を向上させ，関連組織の制度を構築することに重点を置いた［中国計画生育協会 2004］．

中国では，「国家扶貧攻堅計画（国家貧困対策難関突破計画）」が始まった1994年に国が指定した貧困県は592県，貧困人口は約8000万人で，貴州省の貧困県は48県，貧困人口は約1000万人であった．中国政府は貧困対策を国家の重要課題としながら，県を単位とした貧困対策に改め，住民参加型の農村開発モデルの構築を求めた．2000年，中国政府は貧困対策難関突破計画の達成に努め，特に西部大開発の戦略に基づき，社会経済基盤が遅れている西部地区を重点としてインフラ建設を速めると共に，環境保護と環境保全（生態バランスの均衡）を強化することを提案した［中国計画生育協会 2004］．

貴州省三都県住民参加による総合貧困対策モデルプロジェクト（以下「三都県プロジェクト」と略称）は，日中両国におけるこのような社会的要請に対応して，開発福祉支援事業として，中西部の貴州省農村山間地域において，プロジェクト地区の住民参加により寄生虫予防，リプロダクティブヘルス，母子保健，生活改善，農業技術研修，生態農業，環境保護活動を実施し，総合的に貧困問題

を解決する農村開発プロジェクトを構築することを提案した[3].

　プロジェクト実施県として選定された三都水族自治県 (以下「三都県」と略す) は国の定める貧困支援県である. 三都県は貴州省の南部に位置し, 黔南プイ族ミャオ族自治州に属している. 2000年の総人口は30.5万人で, 水族・ミャオ族・プイ族など多くの少数民族が居住しており, 全国でただひとつの水族自治県で, 7鎮, 14郷を管轄し, 270の行政村を有している. 少数民族は28.5万人で県総人口の96.7%を占め, 農業人口は93.2%を占めている. 耕地面積は1万2240 ha で, うち水田が1万267 ha, 畑が1973 ha である. 2000年, 未だ衣食の問題を解決していない貧困人口は7万人で, 典型的な山岳地域の農業貧困県である. 1994年の調査によると, 全県の青壮年の非識字と半識字率は25%で, 貧困人口の非識字率は60%以上に達している. 郷村の97%の労働者が伝統的な農業の生産経営に従事しており, 労働技能は単一で, 特に山深い地区や辺境の少数民族地区では, 生産技能は依然としてほとんど手作業の水準で, ある地域では依然として焼畑農業を行っている状況である.

（2） プロジェクト実施方法

　本プロジェクトは, 中国の NGO である中国計画生育協会をプロジェクト執行機関とし, 三都県の2つの郷鎮をプロジェクト地区として選定し, 全住民を対象として実施した.

　2つの郷鎮 (普安鎮, 塘州郷) において, 児童に対する寄生虫予防活動と出産可能年齢女性に対するリプロダクティブヘルス活動を中心とした健康教育と生活改善活動を推進する家庭保健活動を実施した. それぞれの郷鎮からリボルビングファンドによる生活改善モデル村各1村 (羊吾村, 中化村) を選定し, 計画生育協会を中心に実施した. また生態農業モデル村各1村 (新華村, 丁賽村) を選定し扶貧弁公室が中心になり, 家庭保健活動と共に農家の収入向上を図るための資金・技術・施設整備の支援を行った. 家庭保健, 生活改善, 生態農業促進包括的アプローチという点では, スタッフや住民に対する研修や広報教育活

動を通し，技術力や健康，衛生観念，生活環境改善に対する意識の向上に努め，またリボルビングファンドや生態農業を通じ収入の増加を図るなど包括的なアプローチが行われた．

　プロジェクト実施過程において常に住民の要望を重視し，住民参加によって評価活動を実施し，実際のプロジェクト活動に参加し，住民の自立的な意識の強化を図るようにした．これら3つのプロジェクト活動を有機的に連携させることで，相乗的な効果を得ることができる総合貧困対策モデルプロジェクトの形成を目指した．また，プロジェクト地区とは別に，コントロール地区（比較対照地区）を設けて，プロジェクト活動開始時とプロジェクト活動終了前におけるプロジェクト関係指標や住民意識に関する状況調査を行い比較した．

3　住民アンケート調査からの生活改善に対する考察

プロジェクト概要

　プロジェクト活動で実施したアンケート調査から，住民の生活改善に対する意識，態度，行動についての意識，態度，行動について考察する．プロジェクトでは中国計画生育協会からの委託を受けて，中国人口発展研究センターが，プロジェクト開始時の2002年4月にプロジェクト開始時基礎調査を，プロジェクト終了前の2004年11月にプロジェクト評価調査を実施した．

　そのうち住民に対するアンケート調査では，日本の地域保健活動の経験と方法を取り入れた小学生に対する寄生虫予防活動と，出産可能年齢女性のリプロダクティブヘルス活動を実施するため，小学生の子供を持つ女性を対象としたが，評価調査では，さらに小学校に子供が在校していない女性も加えて調査を行った．アンケート回答者数は，基礎調査では，プロジェクト地区327人，コントロール地区162人で，平均年齢は35歳で，教育レベルは読み書きができない者39%，小学卒レベル46%，中学卒レベル13%，高校卒レベル以上は2%であった［中国人口信息研究センター　2002］．一方，評価調査では，プロジェクト地

表5‑3　現在の家の飲料水の水源（2004年11月調査）

	プロジェクト地区（%）				プロジェクト地区合計（%）		コントロール地区交梨郷（%）	
	普安鎮		塘州郷					
	2002年	2004年	2002年	2004年	2002年	2004年	2002年	2004年
村公用の池の水	1.9	—	13.0	9.9	8.2	5.6	—	—
泉　水	1.9	0.8	6.8	2.3	4.7	1.6	3.7	0.9
井戸水	57.1	2.3	45.8	5.1	50.6	3.9	30.7	7.8
水道水	37.2	97.0	34.5	82.8	35.6	88.9	61.9	91.3
合　計	1.9	—	—	—	0.8	—	3.7	—

出所：中国人口発展研究センター［2005］より筆者作成.

区620人，コントロール地区218人で，年齢分布の頂点では，プロジェクト地区が30-34歳年齢層，コントロール地区が35-39歳年齢層に集中し，教育レベルは未学者（読み書きができない者に相当）39％，小学卒レベル47％，中学卒レベル14％であった［中国人口発展研究センター 2005］.

（1）　飲料水や手洗いなどの生活改善

コントロール地区は，2002年以前と2004年11月現在を比較すると，井戸水は30.7％から7.8％に減少，水道水は61.9％から91.3％に増加した．プロジェクト地区は，プロジェクト実施前では，井戸水使用50.6％，水道水35.6％であったが，プロジェクト実施後は井戸水使用3.9％，水道水88.9％となった．プロジェクト地区は，プロジェクト活動の飲料水施設整備によって自宅での水道水利用が多くなったためと考えられる（表5‑3）.

三都県の山間地域では，水道水といっても山の貯水池からパイプでつないだ簡易水道なので，衛生面では飲料水として使用する時は煮沸することが必要である．飲料水利用についてどのような処理をして飲んでいるのかの設問（表5‑4）では，基礎調査と評価調査での変化の比較と，コントロール地区との比較を行っている.

2002年と2004年を比較すると，「沸かしてから飲む」は，プロジェクト地区

表5-4　家での飲料水利用について（2002年4月調査と2004年11月調査）

| 調査実施年 | プロジェクト地区 | | | | プロジェクト地区合計 | | コントロール地区（交梨郷） | |
| | 普安鎮 | | 塘州郷 | | | | | |
	2002	2004	2002	2004	2002	2004	2002	2004
沸してから飲む(%)	4.9	43.2	6.2	34.5	5.6	38.2	3.2	13.8
生水を飲む (%)	57.9	3.4	63.0	2.5	60.8	2.9	61.0	28.9
時には沸し、時には生水を飲む (%)	37.2	53.4	30.8	63.0	33.5	58.9	35.8	57.3
合計 (%)	100.0	100.0	100.0	100.0	100.0	100.0	100.0	100.0

出所：表5-3に同じ。

は5.6％から38.2％と30％以上増加したが，コントロール地区では3.2％から13.8％と10％ほどしか増加しなかった。表5-3に示す如く，2004年における水道水利用について，プロジェクト地区もコントロール地区も90％前後でほぼ同じであるが，前者は「沸かしてから飲む」と回答した割合が後者よりも24.4％高かった。プロジェクト地区では，寄生虫予防やリプロダクティブヘルスに関する健康教育を受けたことで，住民の生活環境衛生や衛生習慣に対する認識が向上し，生水は飲まないなど，行動様式にも少なからぬ改善が見られた。

それでもプロジェクト地区は，コントロール地区と同様に「時には生水を飲む」割合が50数％とまだ高いので，継続的に健康教育を進める必要がある。プロジェクト終了後にどのように継続させていくかが課題となる。

なお，子どもが手を洗う状況については，プロジェクト地区はコントロール地区と比べ，それぞれの節目において手を洗う習慣が良く身についていることがわかった。プロジェクト活動によって，寄生虫予防やリプロダクティブヘルス活動を通し，学校や家庭での保健衛生についての認識が高く，子供たちに手洗いの衛生習慣がより身につき生活改善が進んでいると言える。

(2) 女性保健に関する生活改善

婦人科検診受診状況（表5-5）では，その受診率は「村で検査したことがある」と「病院・計画生育ステーションで検査したことがある」を合計して，プ

表5‑5 過去3年間の婦人科検診受診状況 (2004年11月調査)

	プロジェクト地区				プロジェクト地区合計		コントロール地区(交梨郷)	
	普安鎮		塘州郷					
	回答数	%	回答数	%	回答数	%	回答数	%
村で検査したことがある	185	69.5	266	75.1	451	72.7	23	10.6
病院・計画生育ステーションで検査したことがある	48	18.0	78	22.0	126	20.3	61	28.0
検査したことがない	33	12.4	10	2.8	43	6.9	134	61.5
合 計	266	100.0	354	100.0	620	100.0	218	100.0

出所：表5‑3に同じ.

ロジェクト地区では93％と高く，コントロール地区は38.6％と低い．プロジェクト地区が村で検査をしたことがあると回答した人は，プロジェクト活動で県と郷鎮の医療チームが村に行き，住民に対して婦人科検診を村で実施したことを示している．日本の地域保健の経験と方法では，交通不便な農山村の住民に対して，医療チームが農山村に出向き，村集会場や公民館で住民検診を実施し，その際に健康相談や健康教育を行う．このような保健サービスは，住民たちに歓迎され，効果的な健康教育も実施できる．

　その受診結果については，何らかの婦人病を患っている女性は，プロジェクト地区とコントロール地区とも，20％ほどで比較的高い結果となっている．また婦人病の治療状況では，プロジェクト地区は74.8％，コントロール地区は66.7％で，プロジェクト地区が若干高くなっている．プロジェクトで実施した検診は，住民の経費負担はなく，無料で実施された．しかし，プロジェクト終了後も継続して実施される保証はなく，行政からの経費負担がないと，このような検診サービスを継続することは難しくなる．

　日本の地域保健では，検診を全額あるいは一部を受診者の自己負担で行い，資金の問題を解決してきた経験や方法がある．そこで，貧困地域における住民が有料サービスを受け入れる可能性を検討することも必要である．

　表5‑6では，1～2年に1回自己負担での婦人科検診受診希望の状況では，受診料が自己負担でも受診すると回答した人は，プロジェクト地区は70.3％，

表5－6　1～2年に1回自己負担での婦人科検診受診希望（2004年11月調査）

	プロジェクト地区				プロジェクト地区合計		コントロール地区（交梨郷）	
	普安鎮		塘州郷					
	回答数	％	回答数	％	回答数	％	回答数	％
受診する	195	73.3	241	68.1	436	70.3	77	35.3
必ずではないが受診	45	16.9	88	24.9	133	21.5	86	39.4
受診しない	26	9.8	25	7.1	51	8.2	55	25.2
合　計	266	100.0	354	100.0	620	100.0	218	100.0

出所：表5－3に同じ.

表5－7　妊娠後の産前定期検査に対する認識（2004年11月調査）

	プロジェクト地区				プロジェクト地区合計		コントロール地区（交梨郷）	
	普安鎮		塘州郷					
	回答数	％	回答数	％	回答数	％	回答数	％
必要である	235	88.3	282	79.7	517	83.4	90	41.3
必要はない	23	8.6	59	16.7	82	13.2	66	30.3
分からない	8	3.0	13	3.7	21	3.4	62	28.4
合　計	266	100.0	354	100.0	620	100.0	218	100.0

出所：表5－3に同じ.

コントロール地区は35.3％で，プロジェクト地区が婦人科検診に対して積極的で歓迎していることを示している．プロジェクト地区では「必ずではないが受診する」と回答した人を合わせると93％という高さである．健康検査・相談・教育が良好な保健サービスと認識されれば有料であっても受け入れられることを示している．プロジェクト終了後，どのように保健サービスを継続発展させていくかが課題となる．

（3）　母子保健に関する生活改善

　妊娠後の産前定期検査に対する認識（表5－7）について，産前定期検査が必要であると認識している回答者は，プロジェクト地区83.4％，コントロール地区41.3％と，プロジェクト地区の女性の多くがその重要性を認識していることは明らかである．

表 5 - 8 病院で子どもを出産することに対する認識 (2004年11月調査)

	プロジェクト地区				プロジェクト地区合計		コントロール地区(交梨郷)	
	普安鎮		塘州郷					
	回答数	%	回答数	%	回答数	%	回答数	%
病院で生む必要がある	225	84.6	292	82.5	517	83.4	110	50.5
病院で生む必要がない	34	12.8	47	13.3	81	13.1	68	31.2
分からない	7	2.6	15	4.2	22	3.5	40	18.3
合　計	266	100.0	354	100.0	620	100.0	218	100.0

出所：表 5 - 3 に同じ.

　また病院で子どもを出産することに対する認識（**表 5 - 8**）について，必要であると認識している回答者は，プロジェクト地区83.4％，コントロール地区50.5％と，同様にプロジェクト地区の女性の多くがその重要性を認識している．プロジェクト活動で，プロジェクト地区の住民に対する研修会を通じて母子保健についての理解がよくなされていることを示している．

（4）　トイレなどに関する生活改善

　日本の地域保健活動の経験では，寄生虫や細菌の感染源の切断，ハエやカの発生の防止のため，トイレやし尿処理の改善が行われた．プロジェクト活動では，日本の地域保健の経験を紹介しながらトイレやし尿処理の改善を促した．プロジェクト開始時の2002年以降のトイレの改善状況（**表 5 - 9**）では，改善したと回答した割合は，プロジェクト地区では56.3％と高く，コントロール地区ではわずか18.3％であった．

　これは，プロジェクト活動における家庭保健活動や生態農業推進などで，トイレ改善を推進したことによる結果である．バイオガストイレ，二層式トイレ，三層式トイレ，コンクリートトイレなど，便槽に蓋などがされてハエやカの発生を防止できる衛生トイレに改善することが奨励されている．

　特にバイオガストイレは，し尿を発酵させメタンガスを発生させ，それを炊事，シャワー温水，室内ガス灯の燃料に用い，さらに寄生虫卵や細菌を死滅さ

表5‐9　2002年以降のトイレの改善状況 （2004年11月調査）

	プロジェクト地区				プロジェクト 地区合計		コントロール 地区（交梨郷）	
	普安鎮		塘州郷					
	回答数	％	回答数	％	回答数	％	回答数	％
改善した	162	60.9	187	52.8	349	56.3	40	18.3
改善していない	103	38.7	160	45.2	263	42.4	170	78.0
トイレがない	1	0.4	7	2.0	8	1.3	8	3.7
合　計	266	100.0	354	100.0	620	100.0	218	100.0

出所：表5‐3に同じ.

表5‐10　現在使っているトイレの種類 （2004年11月調査）

	プロジェクト地区				プロジェクト 地区合計		コントロール 地区（交梨郷）	
	普安鎮		塘州郷					
	回答数	％	回答数	％	回答数	％	回答数	％
露天簡易トイレ	25	9.4	60	16.9	85	13.7	66	30.3
穴に踏み板がある	105	39.5	131	37.0	236	38.1	110	50.5
コンクリート，あるいは， 甕（かめ）の便槽	55	20.7	12	3.4	67	10.8	9	4.1
二槽式トイレ	13	4.9			13	2.1		
三槽式トイレ			1	0.3	1	0.2		
バイオガストイレ	64	24.1	145	41.0	209	33.7	33	15.1
ため池式	2	0.8			2	0.3		
水洗式	1	0.4			1	0.2		
その他	1	0.4	5	1.4	6	1.0		
合　計	266	100.0	354	100.0	620	100.0	218	100.0

出所：表5‐3に同じ.

せ，し尿を発酵させることにより寄生虫卵や細菌を死滅させ無害化された有機
肥料を作る効果も有している．農家のバイオガス施設建設にはセメントなどの
材料費がある程度かかるので，貧困地域では行政などから材料を補助してもら
うことが行われている．

　現在使っているトイレの種類 （表5‐10） では，プロジェクト地区では，バイ
オガストイレの建設を進めたため，その割合は33.7％で，コントロール地区の
15.1％と比較して高くなっている．コントロール地区では，露天簡易トイレ
30.3％や穴に踏み板があるだけのトイレ50.5％と，依然として従来の簡易なト

農家に設置されたバイオガストイレ　　　バイオガストイレからの無害化液肥

写真5-1

バイオガスによりトイレのし尿無害化や安全な有機肥料をもたらした.
出所：2004年3月三都県にて筆者撮影.

農家のバイオガス照明　　　　　　　バイオガス燃料による鍋料理

写真5-2

バイオガスで家の照明や炊事の燃料にもなり燃料を節約でき喜ぶ水族の女性
出所：2004年3月三都県にて筆者撮影.

　イレが使用されており，トイレ改善の速度が遅い.

　し尿肥料の無害化処理では，プロジェクト地区87.4%，コントロール地区68.7%と，プロジェクト地区の方が，し尿を高温発酵させ寄生虫卵や細菌を死滅させ無害化した有機肥料を利用している割合がかなり高くなっている．プロジェクトの家庭保健活動により住民の健康に対する意識や，環境衛生への認識が向上し，バイオガストイレや衛生トイレへの改善を行う農家が増えたためと

考えられる.

　炊事のための主な燃料について，プロジェクト開始前の2002年以前では，プロジェクト地区とコントロール地区は，大部分の農家は草木を燃料にしていた. 2004年現在の状況については，プロジェクト地区はバイオガスを燃料にする家庭は41.1%で，コントロール地区の21.1%より倍近く高くなっている．これはプロジェクト活動で材料費などの支援があったのでプロジェクト地区でバイオガスタンク（トイレ）を多く整備できたためと考えられる.

　なおバイオガスタンクの設置希望については，「設けたくない」と「わからない」と回答した人の合計が，コントロール地区では25.7%であったが，プロジェクト地区では10.3%と低かった．プロジェクト地区の方が，プロジェクトの研修会や広報教育などを通じて，バイオガスタンクの利点を理解している人が多いことを示している．バイオガスタンク利用の希望理由について，プロジェクト地区は，回答の多い順に「労働軽減・便利」98.2%，「生活改善・清潔」77.9%，「トイレ・豚小屋の改善」76.3%，「寄生虫卵と細菌の死滅」52.0%であった．一方，コントロール地区は「労働軽減・便利」95.7%，「生活改善・清潔」71.0%，「トイレ・豚小屋の改善」64.2%，「資源節約」30.2%で，「寄生虫卵と細菌の死滅」は27.2%であった．プロジェクト地区では，より多くの人がバイオガスタンクの効用や利点を理解し，特に「寄生虫卵と細菌の死滅」も理由にしている人が多く，バイオガスタンクへの改善に積極的であることを示している.

（5）　住民アンケート調査からの結論

　住民アンケート調査集計結果についての考察から次のような結論を引き出すことができる．第1にプロジェクトの有効性として，① プロジェクト地区の住民の健康や生活改善への認識は，プロジェクト開始時の2002年とプロジェクト実施3年目の2004年と比較して大幅に向上し，コントロール地区と比較しても格段に高くなっている．行政から寄生虫予防や婦人病の検査・治療，衛生教

育などの指導や支援があり，的確で理解しやすい動機づけがなされれば，生活改善に対する認識が向上し，多くの住民がその活動に積極的に参加することを示している．②婦人病検査など，自分や家族の健康に役立ち保健サービスであれば，検査料など経費自己負担でも受け入れる住民が多いことが示されている．③生活改善を促進するには，住民に対して，生活の便利さ，健康への利点，環境保護や資源節約など包括的に理解させることが効果的である．

　第2に課題として，①プロジェクト地区では，多くの住民は健康や生活改善に対する認識が高くなったと言えるが，生活改善に対する認識がまだ十分とは言えない住民もいるので，より多くの住民に対する継続的な保健サービスの提供や衛生教育が必要である．このような活動を今後どのように継続的に実施し，また他の地域に実施していくかが課題である．②貧困地域であるため，トイレや飲料水などの施設改善には行政からの資金的支援が必要であり，プロジェクト終了後にも継続して行政からの資金的支援が求められる．

おわりに

　三都県プロジェクト活動と日本の地域保健における生活改善活動の状況を比較するために，**表5-11**に整理した．この表から，三都県プロジェクトで実施した地域保健活動における住民参加型生活改善活動の適用性と課題について考察する．

（1）　実施機関と協力機関

　農村における地域保健活動では，日本では厚生（労働）省，県（保健所）や市町村の衛生部局（課）が行政機関として保健衛生に関連する事業を所管し，教育委員会（学校），市町村行政機関，病院，民間検診医療機関，公民館，農協，婦人会などと協力して活動を推進した．三都県プロジェクトでは，人口・計画生育行政機関が地域保健活動における生活改善活動を推進し，協力機関として

表5-11　三都県プロジェクトと日本の地域保健の生活改善活動概要

	中国貴州省三都県プロジェクト（日本の地域保健活動の経験・方法を導入した生活改善活動）	日本の1950-1960年代頃（日本の地域保健活動による農村生活改善活動）
実施行政機関	国・省・県・郷鎮レベルの人口・計画生育委員会（局・室）三都県プロジェクトは中国計画生育協会が実施機関であるが省レベル以下の実施機関は計画生育協会と人口・計画生育委員会（局・室）	厚生省，都道府県衛生部（保健所），市町村衛生主管課
主な協力機関	県計画生育協会，衛生局，教育局（学校），農業局，畜産局，貧困対策室，郷鎮衛生院など	教育委員会（学校），市町村行政機関，病院，民間検診医療機関，公民館，農協，婦人会など
地域住民に直接働きかける専門行政スタッフ	地域住民に対する健康検査・健康教育・健康相談実施時は県・郷鎮医療スタッフ	保健婦など
対象住民	農村住民（活動内容により対象住民を定める）	同左
住民組織	村民委員会，村計画生育協会	母子保健推進員，保健推進員，食生活改善推進員，母子愛育会，地区衛生組織など
生活改善方法（アプローチ）	健康検査・健康教育・健康相談，広報教育，学校保健，貧困対策資金による活動との組み合わせ	健康検査・健康教育・健康相談，広報教育，住民組織との協力，住民組織の育成
生活改善の内容	健康に関する内容（寄生虫病，婦人病などの疾病予防，食生活改善，健康促進，トイレ，飲料水，台所などの生活環境衛生施設の改善，育児，家族計画など）	健康に関する内容（疾病予防，食生活改善，健康促進，トイレ，飲料水，台所などの生活環境衛生施設の改善，育児，家族計画など）

注：行政機関や専門スタッフなどの名称は1950-60年代に多く使用された言い方とする.
出所：筆者作成.

県の計画生育協会，教育局（学校），農業局，畜産局，貧困対策室などが参加した．県レベルでは，人口・計画生育局が，プロジェクトを主導する実施機関で，生活改善活動を推進する実施行政機関であった．生活改善活動を含むプロジェクト活動は，人口・計画生育局とその指導を受ける計画生育協会が中心となって実施した．他の機関の協力が必要な場合，人口・計画生育局が窓口になり，県政府の弁公室（総務局）を通じて，あるいは直接に各部局に協力を依頼した[4]．

　このように人口・計画生育行政機関は，所管の医療機関や医療スタッフを有し，農村に同じ所管の計画生育協会という住民組織が形成されていることから，三都県プロジェクトでは，人口・計画生育行政機関が中心となり，農村住民の

生活改善活動を促進することに対して，有利なリソースを有していると言える．しかし，プロジェクト終了後も，人口・計画生育行政機関が，他の協力機関と協力し，プロジェクトで実施したような生活改善活動を継続できるかどうか，引き続き村の計画生育協会が村の住民に働きかけ，健康教育や生活改善活動を実施できるかどうかが課題である．

（2）　地域住民に直接働きかける専門行政スタッフ

　日本の地域保健活動において，保健師（当初は「保健婦」と呼称）は，家庭訪問・健康相談・健康教育などを通して地域に浸透し健康問題を把握するとともに，婦人会，保健推進員，青年団などと協力して地域に根ざした保健活動に取り組み，住民や住民組織を通じて，健康や環境衛生などの生活改善活動を推進した．中国には日本の保健師のような地域住民に直接接触し，家庭訪問・健康相談・健康教育などを行う専門行政スタッフはいない．

　同プロジェクトでは，県や郷鎮の医療チームを組織して村を訪問し，地域住民に健康検査・健康教育・健康相談を実施した．また村の学校で，児童に対する寄生虫検査や健康検査を実施し，健康教育を行い良い衛生習慣を身に付けるよう指導した．このような保健活動を実施すると共に，自宅や学校のトイレや飲料水施設の改善にも取り組むよう促したが，プロジェクト終了後もこのような活動を継続し，他の地域にも普及拡大が可能なのかが課題となる．

（3）　対象住民と住民組織

　日本の地域保健活動と貴州省貧困対策プロジェクトの地域保健活動アプローチでは，活動内容により対象住民を児童，女性，一般住民などと定めながら進めた．この活動における住民組織は，日本では，活動内容により，母子保健推進員，保健推進員，食生活改善推進員，母子愛育会，地区衛生組織など各種の住民組織が活動し，地域住民に対して保健関連情報の提供や保健サービス提供における協力支援を行った．

　三都県プロジェクトでは，計画生育行政機関の連絡や指示を受けて，村民委員会を村の活動窓口として，村計画生育協会のメンバーを通じて村民に対する健康検査・健康教育・健康相談活動などの活動参加を促し，衛生習慣や生活の改善に対する認識を向上させた．しかし，上部機関からの指示や伝達が無ければ，既存の住民組織である村民委員会や計画生育協会は住民に対する働きかけが弱い．したがって，行政の働きかけが無くても，住民たちが自主的に生活改善を継続発展させていくことが課題である．

（4）　生活改善アプローチと内容

　日本の地域保健活動による生活改善方法（アプローチ）の特徴は，健康検査・健康教育・健康相談，広報教育，住民組織との協力，住民組織の育成などの活動を通じ，地域住民自身が主体的に健康の維持や向上に努め，継続的に生活改善活動を実施することを促したことである．三都県プロジェクトは，日本の戦後の地域保健の経験や方法を取り入れ，農村の住民に対して寄生虫予防，母子保健，リプロダクティブヘルスなどの家族の健康に直接役立つ活動を展開した．その活動を通じて，自分や家族の健康や生活環境の改善に対する認識を高め，自らその活動に関わり参加することを促すことに役立ったと言える．

　日本の地域保健では，母子保健推進員，保健推進員，食生活改善推進員などの住民ボランティアや住民組織を育成し，住民ボランティアや住民組織よって自主的に，創意工夫しながらさまざまの保健活動を実施し，住民の生活改善も推進した．三都県プロジェクトでは，行政からの指導や指示，あるいは支援がなければ活動が続かず，住民が主体的に活動を進めて行くことは期待できないと考えられる．

付　記
本章は，放送大学大学院修士論文「中国貧困農村の生活改善における日本の経験の適応性に関する考察—— JICA 貴州省住民参加型貧困対策プロジェクトの事例を中心に——」（本間由紀夫　2016年12月）の一部を本書のため要約し，加筆訂正した．

注

1）　人口・家族計画，母子保健分野の国際協力活動を推進するため，1968年に外務省・
　　厚生省の認可を受けて，財団法人家族計画国際協力財団として設立され，英語名の略
　　称「JOICFP」から通称「ジョイセフ」と呼び，2010年に公益財団法人ジョイセフに
　　改称（本章では「ジョイセフ」と略称）．ジョイセフの地域保健プロジェクトは，中国
　　では当初「家族計画・母子保健・寄生虫予防インテグレーションプロジェクト（略称
　　「IP」）」と呼称していたが，90年代半ばから「母子保健・寄生虫予防等の健康教育と保
　　健サービス活動を組み合わせたリプロダクティブヘルス・家族計画インテグレーショ
　　ンプロジェクト（略称「IP」）」と呼び，その後，プロジェクト実施内容により「リプ
　　ロダクティブヘルス・家庭保健インテグレーションプロジェクト（略称「IP」）」，「リ
　　プロダクティブヘルス・家庭保健・生活改善インテグレーションプロジェクト（略称
　　「IP」）」と呼ぶ地域保健プロジェクトを実施した．

2）　筆者は，1984年から2010年までジョイセフの中国地域保健プロジェクトを担当した．
　　また，JICAの委託を受けて，日中協力の貴州省住民参加総合貧困対策モデルプロジ
　　ェクトの第1期（2002-2005年）に短期専門家として，第2期（2005-2010年）にプロ
　　ジェクト総括としてプロジェクト業務に関わった．

3）　日本の寄生虫対策は単に寄生虫撲滅を目指しただけでなく，寄生虫対策を通して健
　　康教育や住民参加による地域活動を喚起し，地域保健や生活水準の向上に結びつけた
　　総合的な公衆衛生活動であった［小川・上田・駒沢 2004］．ジョイセフが中国で地域
　　保健プロジェクトを実施した1980年代から2000年代初めまでにおいて，中国の農村の
　　多くは，トイレや飲料水などの生活環境が良くなく，住民の衛生習慣に対する認識も
　　十分に高くなかった．そこで，日本の寄生虫予防などの地域保健活動の経験を取り入
　　れて，中国農村における生活改善を推進する地域保健プロジェクトを推進した．

4）　計画生育協会は，家族計画やリプロダクティブヘルスの情報やサービスを提供する
　　こと以外に，生産・生活・生育（出産）サービスを提供し，家族計画実施における生
　　活上の実際の困難や心配を解決するよう支援することなどを活動内容としている［劉
　　主編 1998］．計画生育協会の会員は，家族計画事業に熱意のあるボランティアが一定
　　の手続きを経て会員となる．中央レベルの中国計画生育協会が社会団体組織として
　　1980年に設立され，その後，省・地区・県・郷鎮・村レベルまで各地域で設立されて
　　いる．計画生育協会は，1997年頃までに，中央から郷鎮レベルまでほぼ100％設立され，
　　村レベルは約80％の村に設立されたとしている［喬 2000］．

参 考 文 献

小川寿美子・上田直子・駒沢牧子［2004］「地域保健」『日本の保健医療の経験——途上国
　　の保健医療改善を考える——』JICA国際協力総合研修所．
厚生省［1998］『21世紀に向けての国際寄生虫戦略』．
JICA［2005］『中華人民共和国貴州省道真県・雷山県住民参加型総合貧困対策モデルプロ

ジェクト事前評価調査報告書』JICA 中華人民共和国事務所.

中国計画生育協会［2004］「貴州省三都県住民参加による総合貧困対策モデルプロジェク
　　ト活動報告2004年12月 1 日」中国計画生育協会.

中国人口信息研究センター［2002］『JICA 開発福祉支援事業　中華人民共和国貴州省三
　　都県住民参加による総合貧困対策モデルプロジェクト──生活改善・家庭保健・生態
　　農業インテグレーション──基礎調査報告書（日本語）現地調査2002年 4 月調査実
　　施』財団法人家族計画国際協力財団（ジョイセフ）.

中国人口発展研究センター［2005］『JICA 技術協力プロジェクト中華人民共和国貴州省
　　三都県住民参加による総合貧困対策モデルプロジェクト──生活改善・家庭保健・生
　　態農業インテグレーション──中国評価調査チーム終了時評価調査報告（日本語版）
　　現地調査2004年11月 5 日～12日』中国計画生育協会.

中国衛生部［2005］『中国衛生部全国人体重要寄生虫病現状調査報告』.

中国計画生育結合項目全国指導委員会・日本家族計画国際協力財団［1999］『中国計画生
　　育・婦幼保健・防治寄生虫国際合作項目第五周期期末評価調査資料集』.

許隆祺等［2000］『中国人体寄生虫分布与危害』人民衛生出版社.

劉漢彬主編［1998］『計画生育協会発展研究㈠』中国人口出版社.

喬暁春［2000］「農村計画生育協会現状分析」『計画生育協会発展研究二』中国人口出版社.

第 6 章

貴州省道真県・雷山県住民参加型
総合貧困対策モデルプロジェクト

はじめに
──プロジェクト実施の背景──

　本章では，三都県プロジェクトを引き継いで，貴州省住民参加型貧困対策の第2期プロジェクトとして，日本の地域保健の経験と方法および農林省が戦後実施した農村生活改善普及事業の生活改善アプローチの経験と方法を部分的に導入することも試みた，「貴州省道真県・雷山県住民参加型総合貧困対策モデルプロジェクト」の実施状況と住民参加による生活改善活動状況を考察する．

　貴州省は，省内88県市区のうち約6割にあたる50県市区が国家貧困対策重点県に指定され，プロジェクト実施前の2003年において，1人当たりの域内総生産額（GDP）は，3603元（約436ドル）と，全国31省・自治区・直轄市の中で最下位の貧しい省とされていた．貧困の背景としては，生産性の極めて低い山地および丘陵が全面積の9割を占めていることが挙げられ，特に人口の約4割を占める少数民族の多くは，こうした山林地区に居住している［JICA 2010］．

　山間部にある農山村の人びとの多くは，安全で衛生的な飲料水や生活環境も享受できず，充分な医療サービスを受けることもできない生活を送っている．第2期のプロジェクトサイトである貴州省の道真県と雷山県は，少数民族が多い国指定貧困対策重点県である．道真県は，貴州省の北西部に位置し，雷山県は，貴州省の東南に位置し，両県とも自然条件の厳しい山間地区にあり，住民

たちの多くは閉塞的な生活を強いられ，住民の生活環境や衛生状況も劣悪である．

　JICA は，貴州省において住民参加型総合貧困対策モデルプロジェクトとして，2002年 3 月より2005年 2 月までの 3 年間にわたり，三都県プロジェクトを実施した．住民参加を得て，家庭保健，生活改善，生態農業の各方面から総合的に貧困緩和に取り組むアプローチは，中国側からも高く評価がなされた．三都県プロジェクトを通じて蓄積された経験や知見を中国側実施機関に定着させ，貴州省内の他地域にもその成果を確実に拡大させていくためには，省内の代表的な複数地域において，貧困緩和のモデルとなるプロジェクトを形成しノウハウを構築していくことが求められた［JICA 2005］．そこで，JICA と中国の国家人口・計画生育委員会は二国間の技術協力を通じて，2005年11月 - 2010年 3 月まで「中国貴州省道真県・雷山県住民参加型総合貧困対策モデルプロジェクト」（以下「道真県・雷山県プロジェクト」と略称）を実施した．

1　プロジェクト内容と成果

（1）　プロジェクト概要

　JICA は，国家人口・計画生育委員会及び貴州省人口・計画生育委員会，道真県と雷山県の両政府を中国側カウンターパートとし，技術協力「貴州省道真県・雷山県住民参加型総合貧困対策モデルプロジェクト」を2005年11月から実施する計画を立て，ジョイセフは JICA から委託を受け，2006年から本プロジェクト活動を実施した．本プロジェクトは，家庭保健，生活改善・生計向上，村民組織化などの活動を結び合わせた住民参加による総合的な貧困対策モデルを形成することを目標として実施された．プロジェクトが実施される前の2005年 6 月に，JICA と中国側カンターパートの各機関は第 1 期プロジェクトの三都県で事前調査と協議を行い，第 2 期として本プロジェクトの目標とその目標を達成させるための成果と指標を定めた．プロジェクト活動の主な内容は次の

とおりである［JICA 2010］.

1） 家庭保健活動

同プロジェクトでは，三都県プロジェクトにおいて実施した家庭保健活動と同様に，日本の地域保健活動の経験と方法を取り入れ実施した．学童に対する寄生虫予防検査や婦人病予防の集団検査・治療を行い，同時に学童や女性たちに健康教育活動を実施し，多くの地域住民の関心と参加を促し，健康意識の向上と住民の家庭生活環境の改善を推進させた．プロジェクト郷鎮の学童の寄生虫感染率は道真県と雷山県各々，2006年の54％と74％から2009年の18％と35％に減少し，目に見えて改善し，プロジェクト郷鎮の婦人病罹患率については道真県と雷山県各々，2005年の90％と80％から2009年の28％と27％に低下させることができた［JICA 2010］.

2） 手作り教材の制作と研修会の実施

農村の住民に対する健康教育や生活改善，農業研修などの生計向上活動を実施するのに，目で見て理解できる教材を用いた広報教育活動は大変効果的である．少数民族地域では，識字率が比較的に低く，漢語を読めない中高年の住民も多い．そこで，現地の風俗風習などを考慮したイラストなどを描いて，字の読めない人にも興味を引き，理解しやすい教材を作成する研修会を毎年実施した．県・郷鎮・村のプロジェクト担当者や村人と現地の美術教師と協力し，家庭保健，生活改善，生態農業，一村一品，リボルビングファンド・村民基金などテーマを設定し，現地に合った内容を作成し，数十名の村人が集まった場所でも内容をイラストや図表などを描いて簡潔明瞭に住民に興味をもたせるように作成し，紙芝居のように掛図をめくって村人たちに興味や関心を引き付けわかりやすく説明できるよう訓練した．

このような手作り教材の制作過程で，プロジェクト担当者や村人たちは，現地の状況や村民のニーズに合わせ作成するよう工夫し，創造力を身につけ，経験を蓄積でき能力を高めた．また，手作り教材による広報教育活動は，村民から喜ばれ，内容を理解しやすくし，持続的に記憶に残る．このような手法は，

低コストで，いつでも誰でも実施することができ，住民参加を促した［本間 2010］.

3）　日本の生活改善の経験を活かしたワークショップの実施

「日本の生活改善活動の経験」というテーマで，戦後の日本における農村女性を中心とした生活改善の取り組みや，生活改良普及員の活動について紹介を行った．生活改善のためにはまずは考え方，意識を変えることの重要性を紹介し，大きな投入ではなく，「問題意識」「自己認識」「行動を起こすこと」など，まずは身の周りの小さな問題の発見から少しずつ始めることが大切であることを強調した．貴州省社会科学院農村発展研究所の専門家を講師として招き，それぞれのモデル重点村において，「どんなコミュニティを目指すか？」というテーマでワークショップを行った．目標を設定し，資金をかけずに自分たちでできることは何かという問題に対し，グループごとに積極的に議論を行い，「目標」，「活動内容」，「指標」，「評価方法」などにつき村民自身に設定してもらうという作業を行った.

　また，村民たちに対し，自分の生活する地域の長所，短所を挙げてもらい，地域について理解を深めてもらうことで自分たちにとって有利な点は何か，将来の発展の可能性などにつき討論を行った［内山 2010］.

4）　一村一品活動

上記の住民参加によるワークショップの方法や手法にならって，一村一品活動を住民たちの創意と工夫により実施した．2008年から，各モデル重点村において「一村一品活動」を推進していく計画を立て，日本の一村一品運動の紹介やその他の組織活動の紹介を行い，同時にそれぞれのモデル重点村においてどのような取り組みをしていくか議論した．一村一品活動を通じ村民組織活動を推進することで，住民が互いに助け合いながら活動を行うきっかけ作りを行い，同時に村の経済活性化，住民の収入向上や技術や知識の向上，女性の地位の向上を実現していくことを期待した.

写真6-1 村民生活改善ワークショップ
出所：2008年3月雷山県黄里村にて筆者撮影．

写真6-2 村民生活改善ワークショップ
出所：2008年1月道真県双河村にて筆者撮影．

5） インフラに関わる村民組織活動

プロジェクトで投入されたインフラ資材で飲料水施設，バイオガス衛生トイレ，手洗い場，村道，村民活動室などが建設された．インフラの投入はセミナーなどの技術協力を主な目的とするプロジェクト活動への，住民たちの積極的な参画を促すインセンティブにもなり，ある意味効果的であったといえる．安

全な飲料水が得られ健康の質の向上につながっているという意見や，バイオガスタンクの建設により，毎月20〜25元ほどの費用の節約や女性の労働力の軽減もつながっているという意見が聞かれ，生活の質の向上にとっても大きな効果が見られた．上壩郷八一村の朝陽村民小組では，プロジェクトにより建設された飲料水設備の管理をするために村民自身が自主的に集会を開き，自分たちで決めた管理方法に基づき管理を行った．

　具体的には，まず集会を開き貯水池と水道管の管理を行う管理人を選び，村民は各家庭に取り付けられたメーターを基に，毎トン当たり5角，1カ月当たり2元／4トンほどの費用を管理人に支払う．月に10トンを超える場合は1トン当たり4元徴収することで節水を呼びかけている．徴収されたお金は，管理人の管理費として年間当たり480元支払われ，後の資金はメインテナンス費用として貯蓄される．半年に一度資金の徴収状況が公開され透明性が保たれているとのことである［内山 2010］．

6）　村民互助基金組織の設立

　プロジェクトでは，貧困農家の生産活動を支援するためプロジェクト資金から購入した養豚，牛，農作物の種子などの現物を提供し，それをもとに収入作りを行い一定の期間で購入時の現物価格に相当する金額を回収し，その資金で他の貧困農家に同様に収入作りの支援を行うリボルビングファンド活動を進めてきた．住民の自主性と積極性をはかり，民主的に生活向上活動を村民組織で進めていくために，2008年8月に日本と中国の専門家を中心に中国の他の地域で実施されている事例を紹介しながら村民互助基金組織を設立することを提案した．まずはいくつかの条件を基にふさわしい村民小組を探す活動から始まった．

　具体的には，① 規模はあまり大きくなく50世帯以下，② 団結力が強い，③ コミュニティをまとめる力のある有能な人が存在する，④ コミュニティに民主的な運営管理体制がある，⑤ 村民が基金に対し出資する意思がある（会費），⑥ 利息を払う意思がある，などである［同上書 2010］．

　基本的な内容として，① 会費の金額，② 貸し出し期間，③ 貸し出し金額，④ 利子，⑤ 貸し出し条件，⑥ 返却しない場合の処置，⑦ 管理メンバーの選定方法および職責，⑧ 監督メンバーの選定方法および職責，などが必要であることを情報として提供した．最終的に2009年に各モデル重点村に村民小組に村民基金会が設立された．道真県のモデル重点村の大研村では，女性のみを会員とする村民基金会が運営されている．この活動はまさに村民による村民のための活動であり，村民自治と民主的管理を通じ，村民の経済活動を活発化し，生活の質の向上とコミュニティ全体の発展を目指す活動といえる．

7）　農村生活改善活動に関する訪日研修

　プロジェクト活動が実施された2006年から2009年まで，毎年1回2週間ほどの期間で中国側のプロジェクト担当者の訪日研修を実施した．日本の住民参加による地域保健活動についての講義や東京や岩手県の沢内村などの各地での実地見学などを研修内容にした．

　2008年の訪日研修チームは，研修後に，次の如く提案している［JICA 2010］．① 日中協力の貴州省総合貧困対策プロジェクトの持続的発展を積極的に促進する．② 貴州省道真・雷山両プロジェクト県を貴州省新農村建設プロジェクトの範囲に組み込み，プロジェクトの成功経験を総括，普及させ，生産発展と生活改善を共に重視し，住民が自主的に新農村建設を実施する道を模索させる．③ 各地の新農村建設プロジェクトの中で，日本の保健師，健康推進員，生活改良普及員制度を参考とし，健康指導員制度の確立を模索する．

　中国訪日研修チームは，日本の地域保健と農村生活改善の経験が，中国が現在取り組んでいる新農村建設に住民参加という考え方とそのための有用な方法を提供し，中国の農村発展に大いに役立つ可能性があると評価していることを研修総括から読み取ることができる．

2　住民アンケート調査から
生活改善村民組織活動についての考察

（1）　概　　　要

　村民組織化は，三都県プロジェクトでは期待されるプロジェクト成果として
は掲げられていなかったが，本プロジェクトでは村民組織化が家庭保健，生計
向上と共に，プロジェクトの重点となる活動として掲げられた．日本の経験や
方法を取り入れた家庭保健活動における生活改善の状況は，三都県で考察した
ため，本プロジェクトでは日本の農林省の農業改良普及制度における生活改善
普及事業の経験と方法を取り入れた村民組織活動における住民の態度・行動・
意識について考察する．

　中国社会科学院農村発展研究所は，プロジェクト終了時評価のため活動関係
資料データを収集するため，2008年10月に終了時評価基礎調査を実施した．そ
の調査の1つとして，プロジェクト県において農家に対するアンケート調査が
実施された．調査は，道真県の2つのプロジェクト郷鎮（4つのプロジェクトモ
デル重点村と2つの非モデル重点村）と1つの非プロジェクト鎮（1つの村），雷山
県の1つのプロジェクト鎮（2つのプロジェクトモデル重点村と1つの非モデル重点
村）と1つの非プロジェクト郷（1つの村）とし，各村の調査対象は100人前後
とし，既婚出産可能年齢女性（20〜49歳）を調査対象全体の50％以上とし，モ
デル重点村では，リボルビングファンドに参加した農家をできる限り対象に含
めるようにした［中国社会科学院農村発展研究所 2008］．

　アンケートに参加した人数は1062人で，男性183人（17％），女性879人（83％）
で，既婚出産可能年齢女性は797人（75％）で，農家リボルビングファンドに参
加した農家からは114人（モデル重点村からのアンケート参加者の20％）の構成にな
った．プロジェクト活動では，家庭保健活動はプロジェクト郷鎮全村を対象に
行ったが，リボルビングファンド活動や農業研修などの生計活動，村道や飲料
水・農家バイオガスタンク施設整備，一村一品活動，生活改善研修などの村民

組織活動は，モデル重点村のみで実施したので，アンケート集計では，モデル重点村6村とその他の村5村の2つに分けて集計することとなった．そのアンケート集計表から村民組織活動における住民の態度・行動・意識について考察する．

（2）　アンケート調査の結果

1）　住民が参加している村民組織の状況

表6‑1から，村民組織に参加している農家の状況を考察する．両県の農家が最も多く参加しているのは「計画生育協会」（70%以上）である．これは，本プロジェクトの実施機関が人口・計画生育行政機関で，プロジェクト活動がこの機関を通じて実施されていることと関係している．村の計画生育協会は，行政機関ではなく住民組織であるが，その活動を監督・指導しているのが人口・計画生育行政機関である．人口・計画生育行政機関は，村民委員会や共産党村支部のリーダーあるいは元リーダーを組織の代表とし，地域住民ボランティアを会員としている計画生育協会を通じて，住民たちに対しプロジェクト活動への参加を働きかけた．したがって，住民アンケートに応じたのも計画生育協会に参加している農家が多いと考えられる．計画生育協会や婦女連合会は，行政の指導によって設立され，行政機関の監督や指示・意向が反映する官制の住民組織でもある．したがって，時には住民の意思が反映されず，上部機関の意向や，村幹部（スタッフ）の指示に従うだけになり，住民の主体性をもった住民参加にならなくなる可能性もある．住民たちの意思や意向を十分に発揮し，自主的な活動を進められる村民組織の形成が今後の課題となる．

このほか参加が多い（20%以上）のは，道真県では「各種生産協会」，「バイオガス協会」で，雷山県では「婦女連合会」「村道管理グループ」「飲料水管理グループ」「各種生産協会」である．また，雷山県のモデル重点村では，比較的多くの農家が「文化協会」（約25%）に参加している．これは，中寨村（モデル重点村）でプロジェクト活動の一村一品活動において文化芸術協会を設立し

表6-1　あなたや家族はどのグループ（協会）に加入しているか

項　目	計画生育協会	婦女連合会	老人協会	文化協会	生産協会	合作社	飲料水管理グループ	村道管理グループ	バイオガス協会	その他	参加していない	わからない
道真モデル重点村	88.42	4.68	0.25	4.19	48.03	9.36	16.50	6.65	24.63	0.74	3.20	0.99
道真その他の村	86.05	3.06	0.00	4.42	39.12	6.12	8.50	6.80	19.73	0.00	4.42	2.04
雷山モデル重点村	79.19	45.66	10.98	24.86	17.92	14.45	43.93	39.88	5.20	0.58	6.36	0.58
雷山その他の村	67.20	39.15	4.76	7.94	25.93	6.35	10.05	14.81	2.12	1.06	12.70	2.65
2県モデル重点村平均	85.66	16.93	3.45	10.36	39.03	10.88	24.70	16.58	18.83	0.69	4.15	0.86
2県その他の村平均	78.67	17.18	1.86	5.80	33.95	6.21	9.11	9.94	12.84	0.41	7.66	2.28

注：回答した農家が調査農家全体に占める割合%.
出所：中国社会科学院農村発展研究所［2008］より作成.

活動を推進したからである．道真県の農家は各種生産協会に参加する農家が多い．各種生産協会，バイオガス協会，村道管理グループ，飲料水管理グループ，文化協会は，住民たちの意思や意向を反映できる自主的な村民組織と言える．行政からの指示や監督がそれほどなされないが，住民たちにとって利点を感じられず，役立たず，運営がうまくいかなければ解散してしまうリスクを有している．

　したがって，プロジェクト終了後，どの村民組織も，村民たちが引き続き活動に参加し，村民組織活動を発展させていけるかどうかが，また，地域で環境衛生や生活改善に主体的に取り組むさまざまな村民組織の育成などが課題となる．

2）　集会や活動の参加状況

　「村の集会や活動に参加しているか」（表6-2）では，「よく参加（毎月最低1回）する」，「時々参加（毎年3～4回）する」とも，モデル重点村がその他の村より3％ほど高くなっている．反対に「参加しない」と回答した割合は，その他の村がモデル重点村より7％ほど高くなっている．モデル重点村は，プロジェクト活動が活発に行われたため，住民が集会や活動に参加する機会が多いこ

表6‑2　村の集会や活動に参加しているか

項　目	よく参加している	時々参加する	あまり参加しない	参加しない	わからない	合　計
道真モデル重点村	49.75	43.84	0.49	3.45	2.46	100.00
道真その他の村	45.92	39.80	1.02	11.90	1.36	100.00
雷山モデル重点村	58.38	39.88	0.00	1.73	0.00	100.00
雷山その他の村	53.44	39.68	0.00	6.35	0.53	100.00
2県モデル重点村の平均	52.33	42.66	0.35	2.94	1.73	100.00
2県その他の村の平均	48.86	39.75	0.62	9.73	1.04	100.00

注：回答した農家が調査農家全体に占める割合%.
出所：表6‑1に同じ.

とが主な理由と考えられる.

3）　村民民主管理

　「村のスタッフが村の大事な事柄を決定する際，村民と相談するか」（表6‑3）では，村のスタッフとは，村民委員会の主任（村長），副主任，会計担当などである.

　「相談される」または「時々相談される」と答えた人の合計は，道真県ではモデル重点村92.75%，その他の村82.99%，雷山県ではモデル重点村93.64%，その他の村85.18%で，モデル重点村の方がその他の村よりも，村スタッフは住民とよく相談していることになる.モデル重点村では，住民参加の考え方や活動が，その他の村よりも実践されていると考えられる.

　「民主，公開，公平について村の組織管理をどう思うか」（表6‑4）では，「良い」または「比較的良い」と答えた人の合計は，道真県ではモデル重点村96.55%，その他の村92.18%，雷山県ではモデル重点村97.69%，その他の村88.36%で，モデル重点村の方がその他の村よりも，民主，公開，公平に村の組織管理がなされていると認識している住民が多いことを示した.この2つの設問の結果は，モデル重点村ではプロジェクト活動を通じて住民参加の村民組織活動を推進していることと関係していることが考えられる.

表6-3　村スタッフが村の大事な事柄を決定する際，村民と相談するか

項　目	相談される	時々相談される	殆ど相談されない	相談されない	わからない	合　計
道真モデル重点村	58.13	34.24	4.68	0.99	1.97	100.00
道真その他の村	56.46	26.53	13.27	1.36	2.38	100.00
雷山モデル重点村	76.88	16.76	4.05	0.58	1.73	100.00
雷山その他の村	61.90	23.28	10.05	3.70	1.06	100.00
2県モデル重点村の平均	63.73	29.02	4.49	0.86	1.90	100.00
2県その他の村の平均	58.59	25.26	12.01	2.28	1.86	100.00

注：回答した農家が調査農家全体に占める割合%.
出所：表6-1に同じ.

表6-4　村管理の民主，公開，公平に対する評価

項　目	良　い	比較的良い	あまり良くない	悪　い	わからない	合　計
道真モデル重点村	42.36	54.19	2.46	0.25	0.74	100.00
道真その他の村	39.80	52.38	6.12	0.34	1.36	100.00
雷山モデル重点村	68.79	28.90	1.73	0.00	0.58	100.00
雷山その他の村	60.85	27.51	9.52	1.59	0.53	100.00
2県モデル重点村の平均	50.26	46.63	2.25	0.17	0.69	100.00
2県その他の村の平均	48.03	42.65	7.45	0.83	1.04	100.00

注：回答した農家が調査農家全体に占める割合%.
出所：表6-1に同じ.

4)　本プロジェクトの特徴と普及性について

　本プロジェクトの特徴と普及性についての設問は，プロジェクト活動の多くはモデル重点村に集中しているため，モデル重点村の住民のみに回答を求めた.村民の本プロジェクトの特徴に対する認識について（表6-5），回答の多い順から，道真県では「家庭保健の促進」（88%），「生計能力と生産発展の向上」（86%），「住民参加」（72%），「村民組織化」（43%），「多部門の協力，包括的活動による農村発展の促進」（37%）と認識されており，雷山県では「家庭保健の

表6‒5　本プロジェクトの特徴は何だと思うか

項　目	家庭保健の促進	生計能力と生産発展の向上	村民組織化	住民参加	多部門の協働総合的促進	村の民主管理の促進	村民の自主的発展の促進	その他
道真モデル重点村	87.84	86.35	43.42	71.96	37.47	29.28	31.27	0.00
雷山モデル重点村	97.60	97.60	61.68	73.05	80.84	61.68	60.48	1.20
2県モデル重点村平均	90.70	89.65	48.77	72.28	50.18	38.77	39.82	0.35

注：回答した農家が調査農家全体に占める割合%.
出所：表6‒1に同じ.

表6‒6　本プロジェクトの経験と方法を他の地域に普及させるのは有効か

項　目	有　効	比較的有効	有効ではない	わからない	合　計
道真モデル重点村	41.63	38.18	0.25	19.95	100.00
雷山モデル重点村	64.74	31.21	0.00	4.05	100.00

注：回答した農家が調査農家全体に占める割合%.
出所：表6‒1に同じ.

促進」（98%），「生計能力と生産発展の向上」（98%），「多部門の協力，包括的活動による農村発展の促進」（81%）「住民参加」（73%），「村民組織化」（62%），「村の民主管理の促進」（62%），「村民の自主的発展の促進」（60%）であった.

　本プロジェクトの期待される成果の1つである「村民組織化」については，雷山県では62%で高かったが，道真県では43%で，半数以上の住民たちからは本プロジェクトの特徴であると認識されなかった．道真県のモデル重点村4村の各村の人口規模は大きく，プロジェクト活動が広く拡散したことが影響したこと，一方，雷山県のモデル重点村2村のそれは規模が小さく，住民がさまざまなプロジェクト活動に参加することができたことが影響していると考えられる.

　プロジェクトの経験と方法を他の地域に普及させるのは有効かについて（表6‒6），道真県では，「有効」42%，「比較的有効」38%であった．雷山県では「有効」65%，「比較的有効」31%と，道真県よりも普及を有効であると肯定的に評価している回答者が多い．「有効でない」と回答した人は道真県でもごく

わずかであるが，「わからない」と回答した人は20％ほどいた．これも，本プロジェクトの特徴についての設問の回答状況と同様に，道真県のモデル重点村のプロジェクト活動対象人口が多く，プロジェクト活動に十分に参加できなかった住民がいることと関係していると考えられる．

（3）　住民アンケート調査からの結論

　住民アンケート調査集計結果についての考察から次のような結論を引き出すことができる．第1にプロジェクトの有効性として，① プロジェクト活動はモデル重点村の住民が各種住民組織の活動への参加を促した．② プロジェクト活動はモデル重点村において住民参加を促進させ，村の重要事項の決定に村民と相談することを促し，村の民主・公開・公平な運営管理を進めた．③ モデル重点村では，住民の多くが本プロジェクト活動に対して，家庭保健の促進，生計能力と生産発展の向上，住民参加を特徴であると認識し，本プロジェクトを他の地域に普及させることを有効と考え，本プロジェクト活動を肯定的に評価している．

　第2に課題として，① 行政からの指導や支援によって，プロジェクト活動と関連する住民組織が設立され活動が開始された．プロジェクト終了後，行政からの指導や支援が無くなる場合，住民たちで生活改善活動を継続発展させることが可能かどうかの課題を有している．② 村民委員会や共産党村支部のリーダーなどの呼びかけにより村計画生育協会のボランティアを通じて，住民にプロジェクト活動参加の働きかけを行ったが，他の一般住民を含めた主体的な生活改善組織活動がまだ十分になされていない．多くの一般住民が主体的に参加する生活改善活動をどのように展開していくかが課題となる．③ モデル重点村では，プロジェクト活動で資金的，技術的に支援した住民組織の設立がなされ，その活動への住民参加は積極的であったが，他の生活改善活動を推進する住民組織はほとんど設立されなかった．今後，如何にして住民主体の生活改善活動を展開していくかが課題となる．④ プロジェクト活動対象人口が多い

と，住民1人ひとりが参加する頻度が少なくなり，プロジェクト活動への認識や関心が低くなる．より多くの住民への生活改善活動をきめ細かく推進する活動体制の構築が課題となる．

おわりに

　道真県・雷山県プロジェクトで日本の生活改善普及事業の経験・方法を導入した生活改善活動と日本の生活改善普及事業による農村生活改善活動の実施概要を比較するため，表6-7に整理した．道真県・雷山県プロジェクトで実施した生活改善活動と日本の生活改善普及事業による農村生活改善活動（1950-1960年代の活動を中心に）で実施されたシステムや内容を比較しながら，道真県・雷山県プロジェクトの生活改善活動について考察する．

（1）　実施機関と協力機関

　日本の生活改善普及事業では農林省，都道府県農林部（農業改良普及所）が生活改善活動を推進した．道真県・雷山県プロジェクトでは，人口・計画生育行政機関が生活改善活動を推進し，協力機関として県の計画生育協会，農業局，畜産局，婦女連合会などが参加し，貴州省社会科学院農村発展研究所は住民生活改善ワークショップ，村民基金，一村一品活動などで参加した．県レベルでは県人口・計画生育局が，プロジェクトを主導する実施機関で，生活改善活動を推進する実施行政機関であった．

　県人口・計画生育局としては，農業生産や一村一品などの収入向上活動などでは，農業・畜産技術の研修における専門家投入や資金補助，飲料水やトイレの施設改善への人材・物資・資金の投入において貧困対策室などの他の部局から協力してもらわないと順調に実施できないことである．日本の生活改善普及事業では，農林省や農林部が実施機関であったので，農業生産に関する指導は，所管の農業改良普及所などの機関で提供できた．一方，健康や保健に関する指

表6‐7　道真県・雷山県プロジェクトと日本の生活改善普及事業における
生活改善活動実施概要

	道真県・雷山県プロジェクトにおける生活改善活動	日本の生活改善普及事業による農村生活改善活動（1950-60年代の活動を中心）
実施行政機関	国・省・県・郷鎮レベルの人口・計画生育委員会（局・室）	農林省，都道府県農林部（農業改良普及所）
協力機関	社会科学院農村発展研究所，県計画生育協会，農業局，畜産局，婦女連合会など	保健所，教育委員会（学校），市町村行政機関，公民館，農協，婦人会など
地域住民に直接働きかける専門行政スタッフ	ワークショップ・リボルビングファンド（村民基金）・芸術協会運営などでは農村発展研究所専門家，作物栽培は農業局，家畜飼育に関して畜産局の専門家	生活改良普及員
対象住民	農村住民	農家女性
住民組織	村民委員会と村計画生育協会を介して，生産組織，インフラ施設管理組織，村民基金会などの住民組織設立	（女性）生活改善実行グループ
生活改善方法（アプローチ）	生活改善ワークショップの開催，手作り教材研修，マッピング活動，一村一品活動，リボルビングファンド（村民基金）研修，貧困対策資金などインフラに関わる村民組織活動との組み合わせ	生活改善実行グループの育成，グループによる問題（課題）発見，課題解決への集団思考と実践，自分たちでできる事から改善，他から入手できるリソース（人材，資金，モノ，情報）などの活用
生活改善活動の内容	飲料水・トイレ・台所の改良，村道・飲料水施設の改善，環境衛生推進，リボルビングファンドや村民基金による収入づくり，一村一品活動など	健康に関する内容（衣食住・労働など幅広い内容），家族経済に関する内容（収入支出改善，自家生産物の活用や加工食品の開発），育児・教育や家族計画に関する内容

出所：筆者作成.

導は，保健所などの協力を依頼することがあった．

　人口・計画生育委員会が，保健医療の業務範囲を越えて，リボルビングファンドや村民基金を利用した収入づくり，一村一品活動などにより農村の生活改善事業を推進できたのは，外部からプロジェクト資金が準備されたから可能になったと言える．プロジェクトが終了すると，プロジェクト実施指導グループが解散し，そのシステムが無くなることになり，通常の業務範囲を越えた活動が継続しなくなる可能性が考えられる．

（２）　地域住民に直接働きかける専門行政スタッフ

　日本の生活改善普及事業を推進する専門行政スタッフとして，衣食住などの家政学や栄養に関する専門知識を履修し，あるいは研究・教育・普及事業に従事した女性が生活改良普及員としての資格試験に合格し，県に採用され各地の農業改良普及所などに配置された．このような専門知識を有していたからこそ，地域住民に身近にある課題に対して，適切な助言や指導を行うことができた．

　また，専門行政職であったからこそ，他の専門家や関係機関から情報や知識を得ることができ，それを地域住民たちに伝達することができ，住民たちのニーズに応えることができた．中国には生活改良普及員に相応する人材制度がない．家政学や栄養などの農村生活に関する幅広い専門知識を有し，住民を組織する普及活動方法を習得した人材はほとんどいない．道真県・雷山県プロジェクトでは，このような専門行政スタッフはおらず，住民たちの集団思考を進めるうえで，社会科学院農村発展研究所の専門家の協力を得て実施し，作物栽培や家畜飼育については農業局や畜産局の専門家に技術指導を依頼した．そのため，プロジェクト終了後は，日本の生活改善普及事業で行われたような農村生活にかかわる幅広い領域の課題に対応できる活動を指導するのは難しくなる．県政府のプロジェクト実施指導グループが解散し，それが無くなると，プロジェクトで進めた方法が継続しなくなる可能性が考えられる．

（３）　対象住民と住民組織

　日本の生活改善普及事業における生活改善活動では，農家女性を対象として実施し，新たな住民組織として農家女性たちをメンバーとする生活改善普及グループを組織し生活改善活動を実施した．道真県・雷山県プロジェクトの生活改善活動では，対象住民は女性だけとせず，男性も含む農家住民とし，活動に参加する対象を誰にするかは，活動により各村の村民委員会や住民たちで決めた．

　住民組織については，村民委員会や村計画生育協会を介して，一村一品活動，

村民基金，村道や飲料水施設管理などの住民組織が新たに設立され活動が開始された．新たに設立された住民組織が，プロジェクト終了後も活動を順調に継続発展させていけるかどうかは，参加住民によって主体性をもち，公平で透明性のある運営がなされ，参加住民にメリットが実感できる活動を行えるかどうかが重要なカギとなる．

（4）　生活改善アプローチと内容

日本の生活改善普及事業では，生活改良普及員が常に農村に入り住民のニーズを把握し，生活改善実行グループの育成を行い，グループによる問題（課題）発見を行い，課題解決への集団思考と実践を通じて，自分たちでできることから改善していくことを目指した．道真県・雷山県プロジェクトでは，住民に対する生活改善ワークショップを行い，日本の農村生活改善活動アプローチを紹介し，自分たちでできることから改善していくことの意義を説いたが，日本の生活改良普及員のように常時指導する人材もなく，住民に集団思考と実践をさせるには充分な時間もなく限界があった．

またすでにリボルビングファンドや村道舗装，飲料水・トイレ施設整備，作物栽培・家畜飼育などの支援が得られることが期待されていたので，住民の生活改善への関心は，その支援と関連付けられていたことも否めない．プロジェクト終了後，外部からの支援が期待されなくなった場合，住民たちが課題解決への集団思考と実践を通じて，自分たちで出来ることから持続的に改善していくことを実施していくことができるかどうかという課題がある．

付　記
本章は，放送大学大学院修士論文「中国貧困農村の生活改善における日本の経験の適応性に関する考察――JICA貴州省住民参加型貧困対策プロジェクトの事例を中心に――」（本間由紀夫　2016年12月）の一部を本書のため要約し，加筆訂正した．

参 考 文 献

内山智尋［2010］『JICA 中華人民共和国貴州省道真県・雷山県住民参加型総合貧困対策モデルプロジェクト専門家業務完了報告書』家族計画国際協力財団.

JICA（国際協力機構）［2005］『JICA 技術協力プロジェクト中華人民共和国貴州省三都県住民参加による総合貧困対策モデルプロジェクト——生活改善・家庭保健・生態農業インテグレーション——終了時評価報告書』JICA.

————［2010］『中華人民共和国貴州省道真県・雷山県住民参加型総合貧困対策モデルプロジェクト完了報告書』JICA.

中国社会科学院農村発展研究所［2008］『JICA 技術協力プロジェクト中華人民共和国貴州省道真県・雷山県住民参加型総合貧困対策モデルプロジェクト終了時評価基礎調査報告書（日本語翻訳版）』家族計画国際協力財団（ジョイセフ）.

本間由紀夫［2010］『JICA 中華人民共和国貴州省道真県・雷山県住民参加型総合貧困対策モデルプロジェクト専門家業務完了報告書』家族計画国際協力財団.

第 **7** 章

アフリカの農村生活改善
──行動変容のエントリーポイントを考える──

はじめに

　「"生活改善はもう終わった（日本では）"と言われているけれど，私たちが地道にやってきた活動が開発途上国で役立つなんてこと，あるのでしょうか．でも，もしそうだとしたら嬉しい．今また光をあてて頂けるなんて，すごいことです．」と元生活改良普及員さんは語った．戦後70年以上たった今日の日本では「もう生活改善の時代ではない」と「生活改善」不要論が言われるようになって久しい．しかし，果たして本当に不要になったのであろうか¹⁾．そして，日本で終わったとされる「生活改善」が，開発途上国では有用なのであろうか．

　生活を改善するのに，そもそも終わりも不要もあるのだろうか²⁾．こうした謎を紐解きつつ，日本の経験がアフリカに伝わった経緯やインパクトの一例をもとに，開発における「生活改善」の意味するところについて探っていきたい．また，日本ではもともと開発途上国の状況や自分たちの国との関係性などを議論する場は少ないように思われる．よって，本章がそのような状況への変化に繋がることに，少しでも寄与することを期待するものである．

1 第2次世界大戦後の日本における「生活改善」と開発援助

（1） 「生活改善」に関する先行研究や取り組み
——生活改善アプローチについて——

戦後日本の復興期に農村で実践された暮らしの改善のための運動は，農村生活の向上に大きな成果をもたらしたとされ，その経験が現在の開発途上国支援にも活かせるのではないかと考えられている．開発援助に関わる実務者や研究者は，日本国内における調査や他国における活用の事例に関する研究を継続してきている．

たとえば，国際協力機構（以下，JICA）では，「生活改善」が貧困削減に大きく寄与することに注目し，1980年代から各種集団研修や個別専門家派遣を皮切りに，技術プロジェクトや開発調査などの形態で活用している．分野別では，農業・農村開発，保健医療，ジェンダーと開発などでの応用が試みられ，対象地域はアフリカやアジアが多い[4]．1990年代は，WID の視点[5]に立つ農村生活改善を目的とし，農村女性の技術向上，組織化支援，普及活動などの技術協力に重点が置かれた検討会や事業が実施されていた．

また，特に2001年から3年間実施された「農村生活改善協力のあり方に関する研究」検討会を通じ，国内調査による情報収集と分析，活用された素材の収集と整理，必要に応じた復刻・複写・英訳，ラオス・マレーシア・カンボジアなどの現地調査，研修コース案実施による検証などを行い，日本の開発経験の応用の有効性を確認している．

そして，それら日本の経験を技術協力事業に活用するための「技術協力コンテンツ——生活改善アプローチによるコミュニティ開発——」の開発に結実した．「コンテンツ」とは，知識や経験を体系的に整理し，マニュアルや視聴覚教材などに加工することを意味し，ここでは日本の知識や経験を効果的に生かすためのコンテンツ（活用要領，テキスト，事例研究，用語集，視聴覚教材など）が開

発・作成された．「生活改善アプローチ」は，必ずしも明確な定義付けはされていないが，日本の農村において過去半世紀にわたり取り組まれてきたさまざまな生活改善事業の経験や活動の成果の意味付けを行い，「生活改善」に特徴的な問題解決のための考え方と手法を指して名付けられたものである．

　「生活改善」は戦後日本の復興期に，さまざまな主体が生活上の多様な分野において，多様な課題の解決に取り組んでいた社会的な動きであり，単なる上からの施策というだけではなく「運動」として展開したことが大きな力となっており，全国津々浦々にわたって浸透したと言われている．当時，農林省が全国的に施策を展開した協同農業普及事業（GHQ の指令によりアメリカの普及事業を導入）の一環を成す生活改善普及事業がその主要な取り組みだったといえるが，他省による関連事業（厚生省：栄養・保健衛生改善，文部省：社会教育，公民館運動，労働省：婦人少年対策）を含めて捉えられている．

　また，「生活改善」は住民主体の開発プロセスであり，基本的には終わりを設定することがない．このプロセスは，① 戦後日本の生活改良普及員に代表されるような「ファシリテーター[6]」の存在，② 衣食住・家庭管理といった生活上の問題に対処する「生活改善技術[7]」の存在，および ③ 個々の活動から社会活動へ発展させていく「普及方法」の存在，④ ファシリテーターの活動に対する「（行政などの）支援体制」，⑤ 人びとの活動が持続するための「体制の構築」などがその骨格を成している．

　現在の途上国支援に応用可能であると結論付けられた生活改善アプローチ[8]とそのコンテンツは，開発途上国側のみならず日本側関係者（プロジェクト実施者や研究者など）も含めて気づきや着想を促し，事業効果を向上させるものとして，日本国内における研修や技術協力プロジェクト，ボランティア活動などさまざまな形態の国際協力で用いられている．

（2）　研修事業の概略

前述したように，生活改善アプローチに関する知識や手法を習得するための

表7‐1 JICA による研修事業概要

項　目	内　容
JICA 事業の種類	10種類：技術協力，有償資金協力，無償資金協力，海外協力隊派遣，国際緊急援助など
技術協力分野	8種類：研修員受入，専門家派遣，技術協力プロジェクト等
研修の種類 （2種類）	①「本邦研修」：開発途上国の人材を「研修員」として日本国内の現場に招く． ②「在外研修」：日本以外の国で開催．援助する側の途上国や新興国，適切な好事例が実践されている途上国に，援助を受ける側の研修員を集める．
対象となる組織	省庁等の公的機関，NGO，大学，研究機関，企業などを代表して参加．
研修の種類 （3種類）	① 国別：途上国の個別具体的要請に基づく「オーダーメイド」／特定国 ② 課題別：日本側が課題を想定・提案／複数国参加 ＊テーマ：農業・農村開発，保健医療，民間セクター開発等 ③ 青年：次世代を担う若手リーダーが日本の基礎的技術を学ぶ
基本プログラム	基本枠組み：本邦研修＋事前・事後プログラム 事前プログラム：目標達成に向けた途上国側の組織的関与の促進（途上国側の課題，研修参加目的を組織として検討し，組織の代表として研修に参加する意識付けを行い，本邦研修の効果と効率を高める） 本邦プログラム：講義，見学，レポート作成など 事後プログラム：研修目標が研修員の所属組織または当該社会において実現される取り組み（本邦研修実施だけで終わらせず，研修参加者の帰国後のパフォーマンスを高める．同参加者の日本での学びを所属組織だけにとどまらせず，関係組織や地域に普及させるためのフォローアップ）

出所：JICA［2017］「国際協力機構年次報告書2017」，JICA［2017］「研修員受入事業及び研修委託契約の概要」に基づき筆者作成．

研修は，JICA が技術協力コンテンツを主に用いて実施しており，アフリカをはじめとする開発途上国の国々に伝わった経緯について，ここで整理する．

　JICA は大きく10種類ほどの事業を展開しているが，その内の1つである技術協力分野に研修受け入れ事業を位置づけており，各国が必要とする知識や技術に関する研修を行って課題解決を後押ししている[9]．研修のメリットは，直接見聞し体験することによって理解・習得出来る日本独自の制度，技能，仕組みを学べることであろう（表7‐1）．

　課題としては，日本の経験の普遍化や研修員の選定の難しさが指摘される．日本の社会経済発展の経験など条件の相違を超えて，開発途上国側に的確に伝

わり，課題解決に活かされるような伝え方の工夫が必要であろう．たとえば教材やカリキュラムの開発，ファシリテーション方法の改善に努めることは肝要である．また，研修員がどのように選ばれ，どのような部署，職位，専門性を持つ人がくるのかなどは，研修内容の理解と帰国後のパフォーマンスに大きな影響をおよぼすものである．送り出す途上国側が責任を持って選定する制度になっているが，選定プロセスや選定基準の透明化が重要である．

　そして，可能な限り多くの開発途上国の人びとに本邦研修に参加してもらうために研修は「1人1回の参加まで」を基本とする不文律のようなものがあったが，効果の波及を確実視する「選択と集中」という観点から“同一人物の継続的招聘によるシャトル型プログラム”を取り入れるケースも注目されている．

（3）「生活改善アプローチ」をテーマにした研修コース

　表7-2は，筆者が従事した生活改善アプローチをテーマにした研修の概要の一例を説明したものであるが，政策決定者から現場実践者までの各レベルにおける従事者を招聘することを奨励する特徴がある．これは，現場実践者が日本での学びを帰国後に実践しようとしても，管理・監督者の理解を得られないと実現が難しくなることを避けるための工夫の1つである．また，課題解決に結びつくことを意識し，日本での学びを研修員自身が自国で活用することを重視した目標のコースとなっている．よって，それらの目的が達成可能となるように，日本国内で実施される生活改善アプローチの研修は，単なる知識の習得のみならず，① 元生活改良普及員や生活改善実行グループ員との意見交換を通じた理解の深化，② 五感を用いて学ぶ事例見学，③ 情報の整理・分析をし，応用を考えるための復習を目的とした演習，④ 自国を相対化できるように，他国の研修員と討議を複数回行う，というカリキュラムとなっている．

　そして，その次に研修全体の流れの概念図（図7-1）を示す．日本は，戦後復興政策の1つとしてアメリカの普及事業を導入したが，だた取り入れるのではなく，日本独自の応用と展開をはかった意義は，極めて大きい．同様に，本

表7‐2　生活改善アプローチ研修の概要：事例

期　間	事前（約20日間）　本邦（約50日間）　事後（約1年間）
場所と概要	事前：各研修員の国における自習、または在外研修（ケニアなど）での講義や見学 本邦：JICA 筑波など JICA 国内拠点の施設、現地見学先などにおける講義、演習、見学など 事後：各研修員の国における研修報告会、TV 会議システムを通じた指導や助言など
形　態	課題別研修
研修員数	10〜20人（コース当たり）
対象者とその組織	中央・地方省庁や NGO に所属する農村コミュニティ開発に従事する者で、下記の3ポジションに就く者各1名、合計3名をひと組として各国から参加 実施者：普及機関／NGO の職員として農村部におけるコミュニティ開発分野において3年以上従事する者 管理者：地方政府機関の職員として、農村部におけるコミュニティ開発分野で活動する普及機関／NGO の職員の活動を管理、統括する職位にある者 監督者：地方政府機関の職員として、農村部におけるコミュニティ開発計画の企画、立案を担当する職位にある者
上位目標	研修員が習得した知識・手法を活用した帰国後の業務改善計画の実施、JICA による帰国後のモニタリングセミナーなどにより、農民の能力向上と貧困緩和を目指した生活改善アプローチによる農村開発プログラムの実施能力が向上する.
コース目標	各国の農村開発に携わる職員が、生活改善アプローチについての知識・手法を習得し、自身の業務において活用出来るようになる
到達目標	＊自国の農村部におけるコミュニティ開発の課題を抽出する ＊日本の生活改善運動の概要、農民の能力開発を支援する方策、行政の支援体制の理解をする ＊日本や参加各国などの類似事例比較を行い、成功要因などを説明出来るようにする. ＊想定対象地域における生活改善アプローチの活用計画を考察する ＊活用計画の作成、各国における協議、対象地域における実施を通じ、生活改善アプローチによる農村コミュニティ開発が促進される ＊JICA-Net を用いたモニタリングセミナーを定期的に実施し、業務計画・ネットワーク活動を推進する
対象者資格要件	＊所定の手続により応募国政府より推薦された者 ＊年令25歳以上、45歳以下の者 ＊大学卒業と同等の学歴を有する者 ＊英語での研修に支障をきたさない語学力を有する者 ＊心身ともに健康である者 ＊軍隊に所属していない者 ＊帰国2カ月後、9カ月後に事後活動計画の進捗状況報告を含む中間報告書、最終報告書を関係者と協議の上、在外日本大使館または在外 JICA 事務所を通じて JICA 筑波に提出することが誓約できる者
基本方針	＊「技術協力コンテンツ——生活改善アプローチによるコミュニティ開発——」を活用する ＊課題解決のサイクル（課題設定→解決策想像→解決策実践）を意識する ＊自主性と知識の創造を尊重する ＊研修員相互のインタラクションを重視する ＊各国の開発課題に取り組んだ経験共有と相対化を促す
成果品	＊日本での学習項目を整理し、それら内容に基づく事後活動計画（＝業務改善計画、アクションプランとも呼ぶ）を作成する
カリキュラム	＊事前：生活改善アプローチの導入（インセプションレポート作成） ＊本邦：生活改善アプローチのファシリテーション手法・行政の支援制度 　　　　事例研究と応用方法の考察（比較検討や成功要因特定）、研修レポートの作成 ＊事後：事後活動計画の調整・最終化・実践・評価とフィードバック
生活改善アプローチの主な特徴やポイント	＊生活改善の重要な概念：生活への着目、改善の哲学、合理性（ムリムダムラを省く）、主体性（自らが気づき、考え、学び、判断）、改善（既にあるものや状態を、高度な技術や高額資金をかけずに向上させる）、生産と生活は車の両輪（好循環、生活の視点の導入）、包括的な取り組み（多岐にわたる分野に関連するため総合的に考えるアプローチ） ＊生活改善アプローチの主軸となる生活改善普及事業では、農村生活向上、考える農民の育成を2大目標とし、それらを達成する手段として、生活技術の改善と集団思考を重視

出所：JICA ［2007］ GBNERAL INFORMATION ON THE AREA FOCUSED TRAINING PROGRAM ASIA-AFRICA COORPERATION "RURAL COMMUNITY DEVEROPMENT BY LIVELIHOOD IMPROVEMENT APPROACH JFY 2007" に基づき筆者作成.

〈課題解決に向けた習得段階〉　　　　　　　　〈研修内容と成果〉

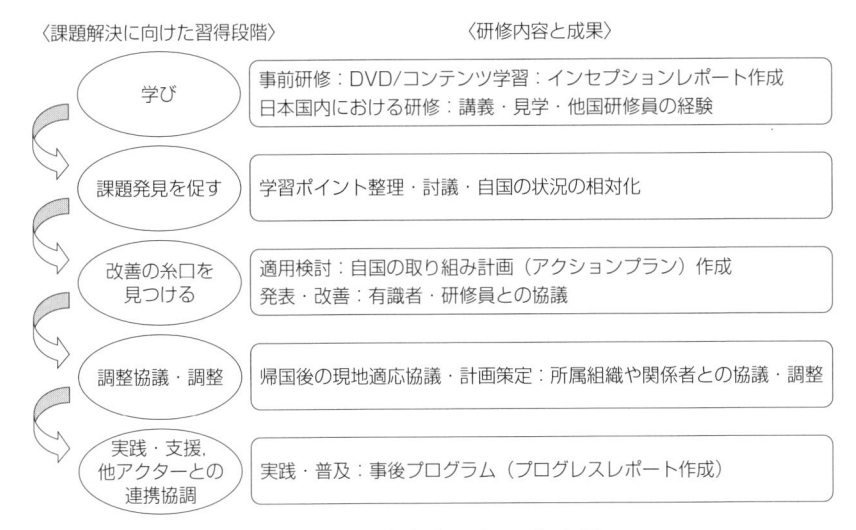

図7-1　研修全体の流れの概念図

出所：筆者作成.

　コース参加者たちも自国に合致するように内容を土着化させ，各自の成果を実らせることが肝要である．そのためには，研修カリキュラムとそれに対応する指標を決め，研修参加者が学習内容を咀嚼して課題解決の糸口を見いだせるような機会（実践者からの見聞・十分な討議時間・レポートに取り纏めるなど）を十分に組み込むことが有益である．

（4）「生活改善アプローチ」コース参加者における学習内容の活用状況

　本邦研修に参加中のコメントや討議内容，帰国後の活動計画内容，フォローアップ調査などの分析から，有益且つ応用・活用の可能性が示唆される（具体的な活用の実践を含む）学習内容は，主に次の通りである．

　① 生活改善の精神や哲学

　② 普及技術（グループを育成し，それらを対象に指導を集中する濃密指導など）

　③ 生活改良普及員の役割（他アクターとの連携・協働など）

④ 生活の視点と技術（改良かまど，農産物保存や加工，栄養改善，衛生改善，家計簿など）

⑤ 頼母子講などに代表されるような農村金融へのアクセス

⑥ 生活技術の習得などに基づいた所得創出活動への発展的展開

また，帰国研修員によるこれまでの活用形態は次のようになっている．

① マニュアル（ガイドラインへの適用）：農業省や保健省管轄によるガイドラインや普及員マニュアルなどに普及員の役割や育成および住民組織のマネージメント等のノウハウを導入

② 人材育成：農業・農村開発分野の普及員や農民および地域住民向けの研修や訓練

③ 既存プロジェクトへの補完：たとえば，参加型開発の要素を取り入れたプロジェクトにおいて女性参加者が少ないことが課題となっている場合，梃入れとして生活改善アプローチを活用する，など

④ 新たな活動の立ち上げに向けた準備としての活用：帰国研修員が生活改善アプローチをコミュニティ開発の新たなあり方として模索しながら取り組むもので，既存プロジェクトや既存支援とは別に「住民の行動変容」を狙った運動的要素を有する活動など

　次節では，帰国研修員が，どのように自国で適用しているのかについて調査した事例の中から，アフリカの小さな村で展開された暮らしをよくするための運動に注目する[10]．人びとがどのように気持ちをひとつにしてアクションを起こしていったのか，そして地域に対して「自分たちの未来は明るい」と思えることの大切さとそこへ導く考え方や行動の変化について，考察する．

2　西アフリカの衛生改善を端緒とした事例

（1）事例概略

1）活動形態など

セネガル川流域デルタ開発公社（以下，SAED）セネガル流域開発管理局の農村開発整備担当のA氏が本邦研修に参加し，生活改善アプローチの概念や手法を学び，帰国後に同じ局に所属する女性職員B氏に教示した上で，プロジェクトとしてテーマを与えていた．そしてこのB氏が中心となって企画し，展開させていた（北西部サンルイ地域のSAED管轄区域）本事例活動は，参加研修員による事後活動の一環であり，2010年より開始され，その後JOCV（青年海外協力隊員，村落開発普及）が支援していた．[11]

2）活動内容

実際に本邦研修に参加したA氏より指導されたB氏は，本邦研修で配布された技術協力コンテンツのDVDを2つの現地語に翻訳し，図書館に設置することをはじめとし，SAEDの職員である16名のジェンダー促進アドバイザー（全員女性）に5日間の生活改善アプローチ研修を実施した．彼女たちは予算の制約のため，職場の隣の村から同アプローチを用いたワークショップを開催することにし，合意を得た近隣6村においてパイロット・プロジェクトを開始した．

全村民に声をかけてのワークショップ開催であり，参加者全員で協議をし，テーマを決め，全住民で取り組む形態となっている．パイロット・プロジェクトとして取り組む主な改善分野は，家庭廃棄物管理，衛生改善，住血吸虫症などの健康問題などであり，ある村ではごみ処理の問題が優先的に抽出された．

3）その後の展開

JOCV派遣という形でJICAより支援が始まり，カイゼンの5Sに関するセミナーも開催された．活動経費は，同公社の支援と住民負担によって賄われたが，会議費用はJOCVを通じてJICAより支援がなされていた．[12]

【写真1 村内の様子】
村の中は，どこもかしこもごみで一杯．特にプラスティックバック（透明，白，黒色など）が多くて目立つ．風などにより移動し，低木などに引っ掛かっている．

【写真2 村内に設置された "KAIZEN" ごみ箱】
住民は手始めに「ごみはごみ箱へ」に取り組み，ある村では6カ所にごみ箱用の缶を設置した．この缶は住民が購入した．衛生上，給水塔の近くに設置しないなどの配慮がなされている．
なお，KAIZEN は，活動のスローガンとして住民に定着している．

【写真3 村内に設置された "KAIZEN" ごみ箱】
分別回収となっていないがポリエチレンとそれ以外のごみの分別に挑戦したいと住民は考えている．

【写真4 掃除をする女性達】
定期的に女性達は集まって掃除をする.

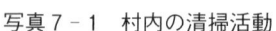

写真7-1 村内の清掃活動

出所：筆者撮影.

表 7 - 3　「活動による変化」の認識

認識主体者	変化の内容
住　民	・村が綺麗になり，気持ちよく過ごせるようになった. ・悪臭，力，ハエなどが減少し，快適で安全になった. ・以前はゴミを村内で焼却したが，ダイオキシン発生を防ぐために中止し，空気が綺麗になった. ・子どもの病気（下痢や咳など）が減った. ・村を汚さなくなった. ・住民同士のコミュニケーションが増えた. ・住民の団結力が高まった.
公社女性職員 （ジェンダー促進ア ドバイザー含む）	・村人（特に子ども）の病気（下痢，風邪，マラリア，赤痢，チフス，住血吸虫症等）が減少した. ・村が綺麗になると同時に村人同士がよく話をするようになった. ・動物の死骸を勝手に投棄すると罰金を科すなどのルール作りをし，皆が守るようになった.
JOCV	・特に大きな変化は認識できないが（活動開始後の赴任のため），住民は自分たちの村にごみを散らかさなくなった.

出所：筆者作成.

（2）　実践された活動

　村人たちは，お金を出し合ってごみ箱を購入し，「ごみはごみ箱へ」を合い言葉にした村内の清掃活動を開始した（写真 7 - 1 ）.

（3）　インパクト（＝成功を実証する要素）

1 ）　活動による変化

　活動によるよい変化として，悪臭や病気が減少し，衛生面での飛躍的な改善がみられ，住民同士のコミュニケーションが増加したことなどの認識が，住民とジェンダー促進アドバイザーや公社の職員の間に生まれた．それらを整理したものが表 7 - 3 である.

2 ）　行動変容の要因

　村人の行動変容を促した成功要因については，住民や公社女性職員たちの双方が「住民の団結力」を挙げたことが特筆される．さらには，公社女性職員は取り組みやすさ，関連機関の巻き込み，目的の明確化，村同士の競争心などを

表7‑4　関係者の認識：成功／阻害要因やアプローチの特徴

認識主体	活動の成功要因	活動の阻害要因	他のアプローチ等との相違
住　民	• 住民の団結力 • 住民が参加し，実践したこと	• 暑さ • 家事従事に多忙	• 他ドナーなどは既に自分たちの考えを決定してから村に来るが，日本の生活改善の場合は，目的と手段を参加者主導で決定する • 健康に焦点を当てている
公社女性職員（ジェンダー促進アドバイザー含む）	• 住民の団結力 • 協議をよくしたこと • ワークショップ開催の際に地域政府関係者や宗教的リーダーなどを呼んだこと • 取り組みやすいものを選択 • 高度な技術が不要 • 1つのゴールを設定し，1つの道筋を示したこと • 学校や病院などを巻き込んだこと • 生活改善活動を実践する村同志でコンテストを開催．評価をし合い，競争心と仲間意識が醸成されたこと • 自分達で実施する参加型の為 • 問題は多種多様だが，優先順位をつけたこと • 誰かの支援は待てないと思って行動をおこしたこと	• 外部支援への依存心（改善活動を開始してから減少） • お金があっても不健康だと何も出来ないことがわかっていないこと • 次のステップに繋げられていない（栄養改善等に積極的に取り組むようになれば，さらに住民の健康や衛生の改善が向上すると考えるが食に対して保守的）	• 他のアプローチは目的がお金 • 生活改善には終点がない • 日常生活圏内で出来る • 自分の周囲にある資源を自分たちで見つけて，それを基に外部支援無しに実施すること • 老若男女，誰でも生活改善は取り組める
JOCV	• 実践しやすいこと • 日々の住民の継続力で1つひとつ改善を体験したこと	• 保守的なこと	• 外部支援に頼らない

出所：筆者作成．

指摘している．これは，彼女たちが意識してそれらの要素を取り入れたとも言えよう．5Sを指導したJOCV隊員も，取り組みやすさを成功要因に挙げていたが，「ごみはごみ箱へ」という単純な行動は，栄養改善や住居改善をいきなり採り上げるより，老若男女がこぞって参加する結果に繋がったと考えられる（表7‑4）．

逆に阻害要因としては，暑さ・多忙を挙げる住民が多く，日常生活の現実の反映と理解される．しかし，他方では，公社女性職員やJOCVは住民の依存心および保守的な言動を指摘し，外的要因よりも内的要因に言及していることが分かる．

他のアプローチとの相違をみると，住民の自尊心・自立心・リーダーシップ・日常生活の視点の醸成から取り組みを開始することが支持され，よい成果を得ていることが理解される．

3）　今後の課題

住民は，掃除道具の改善および分別ごみによるリサイクルをしたいと考えている．

また，公社女性職員は写真（**写真7-1**）を見てもわかるように，全住民による取り組みとしているものの，掃除については圧倒的に女性の参加が多い状況であるため，ジェンダー視点から取り組むべき課題があると考えている．また，現在の活動が軌道にのったら，16名のジェンダー促進アドバイザーの役割を住民に任せたいと考えているとのことであった．

そして，JOCV隊員は，自分の村を綺麗にすることがさらに他の村も含め環境を良くする運動に展開するかどうかを課題としている．

3　事例調査結果の考察

以上で取り上げた事例調査の結果に基づいて，生活改善アプローチの活用によってもたらされたポジティブな効果あるいは活用促進の条件について，次のようなことが指摘できる．

第1に，戦後日本で展開された農村生活改善の経験は，JICAプロジェクトを中心に日本が実施する開発協力にさまざまな形で活用され，その効果が確認されている．本事例もそのひとつである．より健康になって，より安全で快適な生活を送り，住民同士の関係もよりよくなったなどの福祉的効果が生じてい

る.

　第2に，既に述べてきたように，本事例にはよりよい暮らしの実現，住民の主体性の形成，良好な人間関係の構築，援助への依存心の減少といった効果の発現が認められる．そしてまた，住民・ファシリテーター・支援者によってそれらは自覚されていることが評価される．

　第3に，生活改善アプローチの特徴を捉えて，千差万別の活用の仕方があると思われるが，本事例の場合，Ｂ氏やジェンダー促進アドバイザー（公社女性職員）が全村民を対象に啓発活動を行うことから始まった．啓発のワークショップには，行政関係者や地域の学校や病院関係者を招待し，① 全村民を集め，問題点の抽出→② 解決策の相談→③ 優先順位を付ける→④ 1つの主問題を選択し，パイロット・プロジェクトとして活動を開始→⑤ 村同士のコンテスト開催（活動内容共有と相互学習を意図），といった流れになっている．最初の段階では，全村民を対象とする点が，地域で核となるグループが中心となって活動を展開していく場合の多い日本の生活改善活動とは異なる点である．つまり，日本の生活改善アプローチでは個人やグループの課題から地域全体の課題へと発展していく道筋が重視されていたが，本事例では，村の全住民を対象とし，公共性の高い活動を重視したと言える．また，住民の団結力が強調されていたように協働作業を重視する傾向がみられるが，日本の生活改善アプローチでは加えて，活動の楽しさが重視されていた．このように自分達に合った方法や考え方で応用していくことが重要であろう．

　第4に，帰国研修員の取り組みが収入向上活動に偏るケースが多い中，当該ケースは非経済的活動であり，少ない投資（資金・時間・労力など）で失敗のリスクも少ない活動が選択され，成果をあげた例である．資金や高度な技術等を含むドナー援助がなくとも「自分達で出来る」ことの実体験を得て，次のステップへ繋がることが期待される．

　第5に，本事例調査の生活改善活動においては，従来の活動と異なり，行政側が住民に強制せず，住民の自由意思に基づいていることの意義が大きい．よ

って，自分たちで開発の内容や速度等のコントロールが可能であり，主体性が醸成され，ファシリテーターや支援者が変わっても生活改善活動が継続していく可能性の高いことが推察される．

　第6に，本邦研修のあり方から考えると，研修内容の内部化がみられることにその研修の妥当性と有益性が確認されるが，生活改善アプローチに基づく研修の優位性をさらに明らかにする必要があるだろう．同時に，本事例においても研修での学びを一層深化させるような「住民のイニシアティブや連携」を促す工夫の余地がまだあるだろう．

　最後に，公社女性職員のような実施者にとってのやりやすさ，すなわち，職場のすぐ隣の村をパイロット村として選定するばかりか，村落住人にとって極めて身近でかつ効果が直ちに可視化し得る改善活動を選択したことが，好結果をもたらしたことを指摘しておきたい．

4　生活改善研修に対する評価と課題

　本章で取り上げてきた生活改善アプローチによる農村開発のアフリカ地域への導入については，生活改善研修が単なる出発点であるばかりでなく，その後の開発自体の目的や方法を規定することに寄与した．単純に，有用と思われる技術を地元で実践するのではなく，動機（なぜ，これに取り組むのか）や方法（なぜ，皆で取り組むのか）などを含めて包括的に考えて計画し，行動を呼び起こしている．このような動機付けに繋がる日本の研修は技術移転の1つとして意義が大きい．

　第1に，本邦研修を受講したセネガル研修員の生活改善アプローチへの理解と強い共鳴が，大きな広がりをみせており，研修効果として評価されうる．個人研修員というレベルであるためにインパクトの空間的広がりは小さいかもしれないが，このような形で発展・展開していることは特筆に価しよう．

　第2に，本ケースの場合，同じ職場に所属する女性 B 氏が暮らしの改善と

いう日本の経験について関心が高いと同時に，その改善への理解，それを踏まえた提案，そして帰国研修員から手厚い指導を受けたことが，ここまでの展開に至った要因のひとつと言えるだろう．

　第3に，この女性職員は，セネガル人向けにCD／DVDの教材を現地語（ウォロフ語・プラ語）に翻訳し，図書館にも設置している．生活改善アプローチのコンテンツは，英語・仏語・西語のバージョンがあり，CDによってはアラビア語版も存在するが，今後はこのようなローカル言語への翻訳も重要になってこよう．これにより視聴可能対象者が格段に広がるが，翻訳の質について，今後の留意すべき課題となるであろう．

　第4に，本邦研修参加者とその帰国研修員と同じ組織に所属する職員が中心となり，日本での研修で学んだ「生活改善アプローチ」を女性活動支援の一環として広く適用することが決まったことを受け，JOCV派遣がなされている．このような支援があることも，当該帰国研修員の活動の展開を促進したと言えるだろう．しかし，活動の調整や現地指導者の能力強化および技術支援なども望まれていたことは強調しておかなければならない．

　第5に，研修を通じて得た学びを活かす場合に，根本的に重要な鍵となってくるのは対象者のマインドセットである．実は，これが最も難しく時間を要することは議論を待たない．表7-2に整理したように，生活改善アプローチの特徴として，①生活への着目，②改善の考え方，③主体性の形成，④総合的かつ包括的なアプローチである，ことなどが挙げられる．生活の視点を導入することは，生活の改善と生産性の向上が不可分であることを意味し，生産活動（経済活動）と再生産活動（非経済活動）のバランスや好循環を必要視している．よって，総合的に生活をみて，分野横断的な対策が必須となる．また，生活改善の基本理念として，高度な技術や大きな資金無しに生活をよくすることが注視されており，そのための知恵と工夫，視点や発想を変えることや改善の累積や継続などに焦点をあてなければならない．このような状態をもたらすには，合理的思考で能動的に考え，「自らが気づき，学び，考えて試行錯誤し，判断

をする」過程が必要であり，人びとの考え方や態度の変容が必須である．したがって，的確な判断をするための適切な情報・技術・知識が必要であり，その為の助言者（ファシリテーターなど）が重要な機能と役割を担っていると指摘できる．よって，上記第4に述べたように，「ごみはごみ箱へ」というシンプルな活動を1つの契機とし，次の課題に取り組むことに繋げられるような助言や調整，必要な人材育成が適うような支援が肝要となってくる．

お わ り に

　本事例は，「きちんとごみを片付ける」活動を多くの住民が取り組み，村における運動と言えるまでの大きな動きになったものであり，それは住民たちに行動変容が生じたことを意味している．

　住民が行動変容を起こすには，① 自分が当事者であることを認識する，② 自分の偏った考え方や判断に気づく，③ 気づいたとしても「変えよう・変わろう」という気持ちが無ければ無理であるため，そのような気持ちが生じるために必要な「大丈夫という見通し・自信」，などが必要である．これらを得られる機会の1つが，生活改善アプローチを用いた活動である．同アプローチは，"集団思考" による学びやファシリテーターなど "外部の関与" を受けながら，自己の生活圏内において生活の課題を発見し，分析し，解決策を講じ，意欲を持続しつつ，次の課題に挑戦していくものである．これは生活技術と機能集団の仲間でひとを変え，育て，自立／自律することを促し，後押しをする「人づくり」にほかならない．

注
1) 　ここで言及している生活改善は，生活改善普及事業のことである．農業改良助長法（1948年）に基づき協同農業普及事業が導入され，農業改良普及事業，生活改善普及事業，青少年教育の3つから構成されていたが，1983年に事業の区分は廃止された．1991年に農業改良普及員と生活改良普及員の区分も廃止され，改良普及資格に統合

された後，2005年に改良普及員と専門技術員が普及指導員に一元化された．普及指導員は，時代のニーズに合った目標や活動内容を継続支援している（例：家族経営協定，農産加工販売，農業を核とした地域活性化など）．

2）　生活改善という言葉は，「生活」を「改善する」という普通名詞と日常動詞の組み合わせであるが，本章では既述したように，特に戦後の日本で取り組まれた活動を指す．また，経済や社会状況の変化に合わせて生活を改善する目的は，変化し得るものであり，終わることや不要となること自体が考え難いと言える．

3）　戦前も生活改善運動と呼ばれるものはあったが，文部省や内務省およびそれらの外郭団体などが官製運動として働きかけた場合が多く，生活様式の改善や倹約奨励などに焦点があてられていた．

4）　JICA「途上国における「生活改善アプローチ」の適用可能性の検討」（2011（平成23）年）．

5）　WID とは，Women In Development の略で，開発における女性支援を意味する．女性は開発の重要な担い手であり，開発の全ての段階に女性が積極的に参加できるように配慮していく考えを表している．

6）　生活改良普及員とは，都道府県職員であり，農業改良普及員と共に，地区の普及所を拠点とし，生活改善実行グループの形成と指導にあたった．主に家政学を修めた女性のみに受験資格があり，農業改良普及員は男性のみであったが，後日制度は改定している．詳細は，注1を参照のこと．

7）　一般的には，参加型開発手法を用いたワークショップなどで，参加者の状況をみながらプログラムを進行していく人，又は討論のまとめ役を指すことが多い．特に開発援助の分野では，住民と直に接しながら住民主体の開発プロセスを促進する開発ワーカーを指す．

8）　生活改善アプローチは，ある固定したひとつの手法として必ずしも明確に定義づけられたものではなく，「何をすると生活改善アプローチと言えるのか」，「何をしたら生活改善アプローチではないのか」という問いに対する唯一無二の正解が存在する状況ではない．同アプローチは，外延が広く，マルチセクター的な性質を帯びることもあって，明確な定義付けには馴染まないという意見が聞かれる一方，万人に分かりやすい定義が求められるという意見も存在する．

9）　研修員受け入れ事業は，コロンボ・プラン加盟を契機とした1954年に開始．アジアからの研修員受け入れより始まり，現在までに150カ国から1万人以上の人材を研修員として受け入れている．

10）　本事例は，JICA 農村開発部のプロジェクト研究「途上国における「生活改善アプローチ」の適用可能性の検討」（2011（平成23）年）に筆者が従事した際の調査から抜粋し，考察を加えたものである．この成果は，JICA 本邦研修の生活改善分野関連コースにおいても，事例として共有が試みられている．

11）　ODA の一環とし，JICA が開発途上国の要請に基づいて，それに合致した技術や知

識を持つボランティアを派遣する制度.

12)　5S とは，整理・整頓・清掃・清潔・躾の頭文字をとったもので，徹底されるべき行動や形態を指す．JOCV では，この5S の考え方を住民と共有することで行動を習慣化させ，活動の強化を図った.

参 考 文 献

JICA［2006］『技術協力コンテンツ「生活改善アプローチによるコミュニティ開発」』.

─────［2011］『平成23年度　プロジェクト研究　途上国における「生活改善アプローチ」の適用可能性の検討』.

服部朋子［2002］「戦後日本の生活改善運動における生活改良普及員の役割」『第13回国際開発学会全国大会論文集』国際開発学会.

─────［2008］「アフリカにおける生活改善の取り組み──ケニア：SONGA　MBELE の活動について──」JICA.

─────［2010］「生活改善アプローチの活用に関する一考察──モーリタニアの事例をもとに──」『第21回国際開発学会全国大会論文集』国際開発学会.

─────［2015］「「生活改善アプローチ」と人々の思考／行動の変化について──本邦研修事業を通じた検討──」『第26回国際開発学会全国大会論文集』国際開発学会.

第 **8** 章

中南米における生活改善活動の展開
——何が支持され，どのように応用されているのか——

はじめに

　国際協力機構（以下，JICA）は本邦研修事業において，日本の生活改善経験を積極的に活用してきた．2018年現在，中南米・カリブ地域ではグアテマラ，コスタリカ，ホンジュラス，ドミニカ共和国，コロンビア，パラグアイなど10カ国以上において，農村の生活改善活動が展開されている．これらの多くはJICA が主に2005年以降に実施してきた数々の生活改善関連研修コースの研修員が実施しているものである．関連研修に参加し帰国した研修員（帰国研修員）は，中南米・カリブ地域だけですでに350名を超え，彼らは生活改善の強力な推進力となり，種々の活動やプロジェクトに発展させている．

　筆者は関連研修コースに講師として一部携さわり，また2010-2017年に研修フォローアップの一環として，6 カ国（コスタリカ，ドミニカ共和国，ニカラグア，エルサルバドル，パラグアイ）を数回訪問する機会を得た．これらの経験から得られた知見をもとに本章では，まず中南米を対象とした生活改善関連研修の概要と特徴を整理し，帰国研修員の各地での活動を概観する．次に，筆者が現地訪問し関係者へのインタビュー調査を実施できた上記 6 カ国の実践現場において，帰国研修員とその所属組織，農村における実践者を分析対象とし，生活改善の何が支持され，どのように応用され，評価されているのか，また実践における

成果や課題は何かについて，横断的な分析を試みる．

1　中南米を対象とした生活改善関連研修の概要と特徴

（1）　生活改善関連研修の経緯と特徴

　JICA による生活改善に関連する本邦研修事業は，1980年代から主に農業・農村開発，ジェンダーと開発，保健医療の分野において，世界全域を対象に実施されており，生活改善に関する単元が研修項目のひとつとして含まれている研修コースは，現在でも世界各国を対象に実施されている．2000年代に日本の生活改善経験の途上国への応用を目的とした調査研究が蓄積され[1]，それらのレッスンが生活改善アプローチとして整理されたのは，第4章で見たとおりである．これらの研究成果の一部として作成された研修教材[2]を活用し，生活改善アプローチの習得を主要目標とした研修が2005年度から，アフリカ（第7章参照）および中南米・カリブ地域（以下本章の記述にはカリブ地域も含むが，便宜的に「中南米」と略記）の2つの地域別に実施されている．本節ではこの生活改善アプローチの習得を主目標とし，かつ中南米を対象とした研修事業について整理する．

　2005年に「中米カリブ地域　住民参加型農村開発プロジェクト運営・管理」コースとして開始された生活改善関連研修コースは2018年現在まで（「中南米地域　生活改善アプローチを通じた持続的農村開発」）名称と研修対象国を変化させながら継続している．研修参加者の所属先内訳は，農業関係省庁（約30％），社会開発関係省庁（約10％），自治体，大学，NGO（各約10％），その他（保健省，協同組合関係，経済省関係，計画省関係等）である［高砂 2015］．研修対象者はいずれかに所属する組織マネージャー，プロジェクト責任者，シニア普及員，研究者等の一般参加者が多いが，一方で関連省庁の政策決定に携わる高官を対象としたコースが6年間（2007-2012年）実施されたのは，中南米研修の特徴である．参加者は2018年度までで22カ国から373名にのぼる．

　いずれの研修コースも主要目標は，研修員が生活改善アプローチにかかる知

識，技術を習得し，帰国後各自の職務・所属先で活用することにある．加えて，研修員は本邦研修への参加だけではなく，帰国後も自国および中南米地域の生活改善を推進することを目的に，各国レベルおよび統合地域レベルにて，帰国研修員ネットワーク（「中米カリブおよびメキシコ参加型農村開発ネットワーク "Red de Centroaméricana el Caribe y México para el Desarrollo Rural Participativo; REDCAM-drp"」通称 REDCAM）の構築も目指された（2005-2007年）．当初は JICA による側面支援もあり帰国研修員により複数のパイロット・プロジェクトが実施され，REDCAM を通じて情報共有が活発に行われていた．後述するとおり RED-CAM は現在に至るまで，各国の事例紹介や情報交換，知識・技術・精神面での相互サポート，協働企画の立案など，積極的に活動を展開しており，他地域では見られない中南米研修の特筆すべき成果のひとつとなっている．

（2）　生活改善関連研修コースの概要

　研修参加が決まると，参加者は JICA 作成生活改善教材[3]を活用して生活改善アプローチについて自主学習すると同時に，自国の農村開発や自身の活動状況について分析し，理解できなかったことや日本でより学びを深めたい点などを事前レポートにまとめる．

　本邦研修の講義・討論や演習では，第4章で整理された生活改善アプローチの知識や技術[4]の習得に励みながら，事前にまとめた不明点，疑問点が解消されているかをチェックする．

　本邦研修の目玉はなんといっても現場視察[5]にある．各地で活躍された元あるいは現役の生活改良普及員，専門技術員，生活改善実行グループのリーダーやメンバーらの活動現場を視察すると，相互に意見や情報の交換をしながら非常に活発な議論となるのが常である．時には「自分だけが苦労しているのかと思っていたら，まさか日本でもそうだったなんて……」と時空を越えて共感を呼び，研修員が悩みを打ち明けコンサルティングやカウンセリングの様相を見せる場合もある．農場や農産物加工施設，レストラン，直売所，普段の会合の様

写真 8 – 1　本邦研修の様子（岩手県，長野県での現場視察）

出所：筆者撮影．

子を見学したり，村歩きをして農村美化やルーラル／グリーンツーリズム活動の実態を学んだり，農家に滞在し台所や住居の改善現場を体験したりと，充実した内容だ．

　現場での見聞は研修員らの評価が非常に高い．研修中に一番心に残ったことを尋ねると，生活改良普及員やグループ員らの実体験に基づく発言を挙げる人が大半である．農村の生活や人材育成に働きかける人びと同士の交流は，言語や文化，国教を軽々と越え共感を呼んでいる．

　本邦研修後の現地（在外補完）プログラム[6]では，コスタリカ，グアテマラなど帰国研修員が活発に活動しているいずれかの国において，先輩研修員の活動を視察，意見交換をしたり，本邦研修で習得した活動ツールの演習をしたりする機会となっていた．研修員にとって先輩の活動は，日本の経験をいかに中南米の社会・文化・政治的文脈に応用するかを分析する試金石となるもので，非常に参考になる．一方，受け入れる側にとっては，視察先に選ばれることは非常に名誉なことであるから，所属先，活動地域をあげて万全の準備をして研修員らを迎える．発表原稿を用意する過程はこれまでの活動をふりかえり整理するきっかけとなり，また関係者らとの密な連絡調整を経てこの一大イベントを

成功させることは，さらなる信頼関係を築く一助ともなっていた．

　さらに，現地プログラムには REDCAM の各国代表者が招聘され，研修員および同行した JICA 関係者らに活動の進捗や成果，課題を発表する機会ともなっていた．この現地プログラムは，年に一度の大同窓会であり，REDCAM 活動方針を協議する場でもあったため，研修員，新旧帰国研修員らは積極的に交流し，国や地域，所属組織，職位を越えて生活改善について議論することができていた．そのため研修実施側（JICA や研修実施機関）も帰国研修員らの活動状況を把握することが容易であった．

　このように現地プログラムは研修員，帰国研修員ネットワーク，研修実施側の三方良しのインパクトを持っていたと言えよう．だからこそ，次に見るとおり中南米では帰国研修員の事後活動が他地域に比較して活発なのではないだろうか．

（3）　帰国研修員の活躍概況

　中南米で帰国研修員の尽力により生活改善アプローチが活用されている事例には，筆者が把握しているだけでも以下の14種類がある．

①帰国後に所属組織で生活改善アプローチの研修を実施（ほぼ全員）

②対象地域に積極的に通い，できることからパイロット・プロジェクトを開始（アクションプランの実行）（ほぼ全員）

③研修テキストや活動ガイドラインなどの作成（メキシコ，グアテマラ，コスタリカ，ニカラグア，ドミニカ共和国他）

④帰国研修員が国，地域で REDCAM ネットワーを構築，貢献（ほぼ全員）

⑤帰国研修員が活動地域で研修未参加者を含む生活改善担当者ネットワークを形成（コスタリカ，ニカラグア他）

⑥省庁に生活改善アプローチを実践する部署の新設（コスタリカ，ドミニカ共和国他）

⑦ 中央政府の政策に生活改善アプローチに関する事項の明文化（コスタリカ，ドミニカ共和国他）

⑧ 地方自治体に生活改善アプローチを実践する部署の新設（エルサルバドル他）

⑨ 地方自治体／NGO 等の政策に生活改善アプローチに関する事項の明文化（グアテマラ，コスタリカ，エルサルバドル，ドミニカ共和国他）

⑩ NGO 等が地方自治体等と協力して生活改善プロジェクトを実施（エルサルバドル，ホンジュラス，グアテマラ他）

⑪ 生活改善のコンサルティングなどで起業（エルサルバドル，メキシコ他）

⑫ 大学にて生活改善アプローチのコース，講義，演習を新設，学生指導や関係者の OJT に活用（グアテマラ，エルサルバドル，パラグアイ他）

⑬ JICA の農業・農村開発系，自治体能力強化系プロジェクト等への貢献（ホンジュラス，グアテマラ，エルサルバドル，パラグアイ他）

⑭ プライベート領域（家庭や友人，教会等の個人的所属組織）にて生活改善を実践，普及（ほぼ全員）

　このうち①-③については次節で詳説する．④ REDCAM については既述のとおりで，このネットワークを活用し，⑪ 帰国研修員らが自国で研修未参加機関に対し生活改善アプローチを普及，コンサルティングするために起業した事例（エルサルバドル）や，「生活改善基金[7]」を立ち上げ生活改善人材育成のための研修を企画提案し，JICA の第三国研修を受注したり，第三国専門家として他国でのコンサルテーションに活躍したりしている事例（メキシコ）も出てきていることは，注目に値する．このように帰国研修員各自やネットワーク活動が非常に活発なことが，中南米研修の大きな成果となっている．

　ここで，省庁に生活改善アプローチを実践する部署を新設（⑥）したコスタリカの例を用いて，上記①-⑦の成果を説明しよう．コスタリカ農牧省は研修開始時から中央（政策担当）および地方（実務担当）事務所の職員を積極的に研

修に派遣してきた．帰国研修員らは研修同窓会組織を全国・地域レベルで結成（④⑤），情報や悩みを共有しながら切磋琢磨し，日本での学びを積極的に活用したプロジェクトを多数実施し，個人やグループの活動に留まらず，コミュニティ全体の生活環境や農業生産性の向上にもつながる成果を上げてきた（①②）．このような成果に鑑み，農牧省普及総局は5カ年計画に生活改善活動を明文化（⑦）して，帰国研修員3名からなるユニットを設置（⑥），農牧技術研究・移転促進基金[8]を獲得し，2014年から4年間「研究と実証を通じた農牧省地域における生活改善検証」事業を開始した．ユニットはそれまでの国内各地の活動経験を分析し，現場普及員に対する生活改善アプローチ研修（全11回）と教材を作成（③），全国8地域事務所にて研修を実施し普及員の能力向上を図ると共に，彼らがコミュニティで実施する活動（実証）から教訓をとりまとめ（研究），ひいては農牧省に生活改善アプローチが制度として取り入れられることを目指している[9]．JICAではなく自国の資金を獲得し，自国での生活改善実践を検証するという試みは世界的に見てもこの1件のみで，注目すべきケースであり，コスタリカにおける今後のさらなる展開に期待したい．

　⑬については，2010年以降JICAが実施する現地自治体の能力強化，および自治体が担う住民の生活向上に資する行政サービスの能力向上を目指したプロジェクトにおいて，生活改善アプローチを活用する事例がある．より適切な行政サービス（地域の開発事業の実施等）を実現するための手法として，あるいはプロジェクト・マネジメントのためのツールとして生活改善アプローチが活用されていて興味深い．その例としてホンジュラス「地方開発のための自治体能力強化プロジェクト」[10]（2011-2016年）では，従来市が行っている開発事業を，より住民のニーズに合致させ住民参加で実施することを目的に，村と市レベルの開発計画の立案能力や開発事業の実施能力等を向上させ，自治体の能力強化を図った．その過程の村レベルの開発計画策定の段階で，生活改善アプローチを活用している．グアテマラ「地方自治体能力強化プロジェクト」[11]（2013-2016年）では，市役所に所属する普及員の能力強化を通じて，生活の改善に資する事業

をより適切に実施するための自治体の能力強化に尽力した．エルサルバドル「生活改善アプローチに基づいた東部地域地方開発能力強化プロジェクト[12)]」（2018-2023年）では，帰国研修員がこれまでの自国での経験をもとに整理したエルサルバドル版生活改善アプローチを適用し，地域のリソースを活用して，住民のニーズに合致した生活の向上に資する事業を実施するための地方自治体能力強化とプラットフォームの構築を目指している．

　高砂［2017］は上記3つのプロジェクトを概観し，地方分権化が推し進められている中米地域において，自治体能力強化のために生活改善アプローチが活用される理由と効果について分析し，生活改善アプローチが現在の中米における地方開発で必要とされている効果的かつ効率的な事業実施に資するアプローチであると説いている．

2　中南米において 生活改善はどのように咀嚼されたのか

　本節では，帰国研修員らの実践現場において，生活改善アプローチがどのように咀嚼され，応用され，いかに評価されているのか，また実践における成果や課題は何かの横断的分析を試みる．研修員は帰国後所属組織において研修での学習成果を報告し，研修中に作成したアクションプランに則って事後活動を開始する．その第一段階として，ほぼ全員が同僚や部下，関連部署の対象地域において普及活動や農村・社会開発活動を担うフィールドレベルのスタッフ（普及員，ファシリテーター，プロモーター等呼称はさまざまだが以下，ファシリテーターと総称する）を対象に研修を実施し，第二段階として，研修を終了したファシリテーターを通して実践活動を展開している．そのため本節では帰国研修員とその所属組織のファシリテーター，農村における実践者を対象として検討を進める．

表8−1　従来型農村開発と生活改善型アプローチの比較

	従来型農村開発アプローチ	生活改善型アプローチ
出発点	無いもの，できないこと探し （知識，技術，資源，資金…）	あるもの，できること探し
分析視点	問題分析（Negative）	目的分析（Positive）
解決手段	無いもの，できないことを外部から補う	あるもの，できることで工夫する
解決主体	外部の支援者，専門家等の支援を得て住民	自助努力により住民
外部者の役割	知識，技術，資源，資金の移転	改善プロセスのファシリテーション
住民の行動	外部の支援を待つ	自分たちで改善を始める
帰　結	⇩ 依存心の強化 （支援がなければできないと学習）	⇩ 自立心の強化 （自分たちでできると学習）

出所：生活改善アプローチを元に筆者改編.

（1）　帰国研修員による咀嚼

　研修員らは日本で学んだ生活改善アプローチをいかに咀嚼して所属組織に伝えているのだろうか．そもそも彼らの研修参加動機の共通課題として第1に，従来実践してきた方法（知識・技術移転，バラマキ型支援）では，住民の生活への一時的インパクトはあっても持続しない，住民の援助依存を助長する，信頼関係が築けないなどの課題が挙げられる．そこで筆者ら本邦研修担当者は必ず，従来型農村開発と生活改善型のアプローチの特徴を**表8−1**のように比較し説明している．そのため研修員は「住民を援助依存（自立心や自尊心の欠如）から脱却させ，自らが主体となり自身の生活課題を自助努力によって解決できる住民を育成する」点に，生活改善への期待を持ち，所属組織に伝えているようだ．

　第2の共通課題として，所属組織の予算不足が挙げられる．数多く提供する研修資料の中でも研修員が特に関心を示し，彼らが帰国後作成したガイドラインや研修教材等に最も活用されているのは，「改善課題の整理」図，通称「3つの改善」[13)]図である．

　この図では改善課題を「お金を生み出す，必要な，必要としない」の3つに分類し，各活動を例示している[14)]．本図をマニュアルの表紙に掲げた（図8−1）

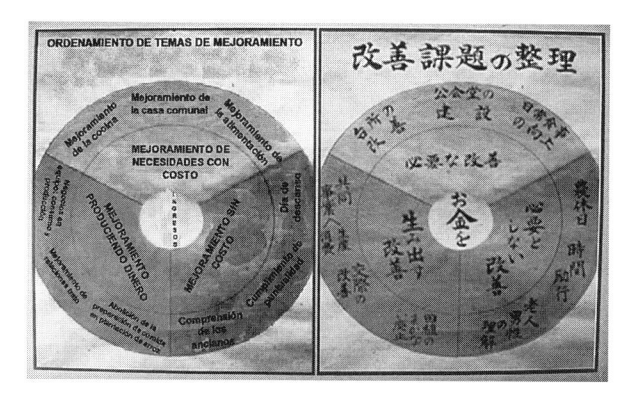

図 8 - 1　ニカラグア帰国研修員組織作成の生活改善マニュア
　　　　　ルの表紙を飾る「改善課題の整理（3つの改善）」図

出所：REDCAM-Nicaragua2012 "Manual de Mejoramiento de Vida con
Enfoque KAIZEN".

　ニカラグアの帰国研修員たちは，その理由を「資金を要する活動と収入向上活動は自分たちも以前からやってきた．が，資金投入の要らない活動については意識したこともやってみたこともなかった．活動資金がなければ何もできないと諦めていた自分たちを戒め，資金不要な活動にも着手したいから」と述べていた．この発言に代表されるように，資金不要活動への着目，初期投入無く誰でもすぐに始められる活動への動機付けが，生活改善の敷居を下げ，実践現場において採用されやすい理由になっている．

　加えて，「お金をかけない改善」を計画実行するに当たって，資源を見る目が養われる効果も評判がよい．これまでは「活動に必要な資源＝資金」としか考えられていなかった人々に対して，身の回りのあらゆる資源を意識化し，無い物ねだりではなく「あるもの探し」の視点を醸成できる点も挙げておく．

　第3に「参加型開発」の重要性は自国でも強調されており，理論はわかっていてもなかなか実践が伴わないという課題がよく挙げられる．参加型農村調査（Participatory Rural Appraisal: PRA）に代表されるような参加型ワークショップの各種ツール（マッピング，ランキング，カレンダー他）は集落で実施しているが，だからといってそれが住民のエンパワーメントを促進するような本質的な参加

コスタリカ　　　　　　　　　　　　　　　　　　エルサルバドル

左から,
ニカラグア,
メキシコ,
コスタリカにて
作成された
生活改善教材

写真 8 – 2　ファシリテーターへの研修の様子と教材

出所：筆者撮影.

型開発には至らない.一方,現場視察で交流した生活改善実行グループ員の多くが,彼らがまさに理想とする自主自立した農民の姿である.中には若嫁の時代から半世紀以上にわたって活動を継続しているグループもあり,研修員は支援の受け皿組織ではないグループのあり方や,「やらされている」のではなく自分たちが楽しみながら自発的に取り組む活動の持続性に驚く.お題目でしかなかった「参加型開発」の成果の具体例を目の当りした彼らは,参加型開発という農村開発で重要視されている一般理論から生活改善を捉え直し,だからこそ中南米でも応用可能であり,日本特有のものではないと翻訳しているのではないだろうか.

　つまり帰国研修員は生活改善アプローチを主に,援助依存から脱却し自立的な住民育成の手段として有用性を見いだし,かつ「あるもの探し」により資金不要な活動をエントリーポイントとすることで直ちに実践可能な具体活動とし

ドミニカ共和国　　　　　　パラグアイ　　　　　　ニカラグア

コスタリカ　　　　エルサルバドル　　　　メキシコ

写真 8 - 3　住民とのワークショップの様子

出所：筆者撮影.

て咀嚼し，自国でも応用可能な参加型開発の実践であり，持続的農村開発に有効だと正当化することで各所属組織からの支持を得ているといえよう[15].

（2）　ファシリテーターへの伝達と応用

　メキシコにて2005-2010年に実施された「チアパス州ソコヌスコ地域持続的農村開発プロジェクト（PAPROSOC）1 & 2[16]」は，プロジェクトを支える農村開発手法のひとつとして中南米で最初に日本の生活改善の応用を試みた事例である．日本の経験をメキシコ流にアレンジする試行錯誤を経て，プロジェクト終了時には生活改善ガイドライン[17]が作成された．

　理論編と実践編の二部からなるこのガイドラインは，理論編では農村開発の定義やメキシコ独自の持続的農村開発法の説明，参加型開発とプロジェクトサイクル，ファシリテーションの解説，生活改善，文書管理についてまとめられている．「生活改善とその鍵」の章では日本の生活改善の概要や特徴を整理し，なぜチアパスで生活改善なのかを解説している．実践編では，まずワークショ

表8-2 PAPROSOC2による4つの現状分析・計画策定ワークショップ

テーマ	内　容	狙　い
① 生活改善イントロダクション	• 生活改善紹介 • ゲームと振り返り • 「3つの改善」グループ作業	• 自助努力を促す • グループ活動の重要性に気づく • プロジェクトサイクルを理解する
② 現在と将来のマッピング	• 「地域資源マッピング」グループ作業 　・地域資源を重視した現在図の作成，発表 • ゲームと振り返り • 「将来図マッピング」グループ作業 　・5年後の集落地図の作成，発表	• 地域資源を見る目を養う • 現状分析と将来の構想を練る力を養う • 現状課題や夢を共有する
③ 幸せの条件	• 「幸せ分析ツリー*」グループ作業 　・幸せとは？　幸せでいるためには何が必要か（条件抽出），条件のツリー作成（例：健康でいること，家族といること等） • ゲームと振り返り	• 身近な例から幸福に気づき，幸福感を構成する要素を分析する • 経済開発と社会開発のバランスをとる • 仲間と幸福観を共有する
④ ニーズの抽出，計画策定	• 3回のワークショップ振り返り • 「3つの改善」を応用し，支援を頼らずにできること，支援を仰がねばできないことを整理し，各グループで計画立案 • ゲームと振り返り	• 自己肯定感，自助努力精神の醸成 • アクションプラン作成により体系的に考える力を養成する
⑤ 参加型評価	• 住民が活動を3段階（良かった，普通，悪かった）で評価する．	• 1つのプロジェクトサイクル終了にあたって振り返り習慣を習得する

注：*PAPROSOC2専門家（塙暢昭，和田彩矢子）によって開発された幸福条件抽出手法．
出所：PAPROSOC2 ［2010］，塙 ［2015］を元に筆者作成．

ップ実践入門として参加型ワークショップの準備から評価までの詳細と本プロジェクトで実践された現状分析・計画策定までのワークショップ案，ゲームやふりかえり手法も盛り込まれた進め方が具体的に提案されている．

表8-2のとおりこのガイドラインでは，4回のワークショップの実施を通して，誰でも容易に生活改善活動の導入が図れるよう工夫されている．現場レベルのファシリテーターにもわかりやすく活用しやすいと非常に好評なことから，REDCAM各国にも共有された．それが起爆剤となり，以降メキシコ版や同時期に制作されたコスタリカ版ガイドラインを参考にした各種マニュアルや

研修教材が各国で作成されるようになった．REDCAM では惜しみなく情報共有がなされ自国で制作していない国においては他国教材が活用されている．これは同じスペイン語で情報共有できる中南米地域の強みであろう．

　一連のワークショップを通して住民参加者らは，自分たちがどのような生活を送りたいか，日常生活を起点に目的を明確化し，具体的に改善したい項目を整理し，既存資源や知識・技術を活用して，自分たちのできる範囲（資金や支援を用いる／用いない）内での計画を立て，実行に移すという流れができている．

　他方ファシリテーターは各回にてアイスブレークとなるゲームを多用し，発言しやすい雰囲気作りや，グループ作業による意見の共有，共同精神の醸成にも心を配る．このプロセスで住民の共同作業を支援し，住民同士や家族が話し合う・学び合う活動を通して仲間意識や協働精神を醸成しつつ，個人とグループ双方の育成に尽力するよう企図されている．

　さらにファシリテーターは各回の合間に，参加者の家庭を訪問し，欠席者や未参加者にも声をかけて回り，幅広く住民の意見を聞き，集落の実態把握に努め，適宜ワークショップの展開を修正する．こういった活動の蓄積により，ファシリテーターは住民に寄り添う伴走者として，課題だった住民との信頼関係を築くことができるよう図られている．

（3）　農村における生活改善実践者らの実感

　では次に，ファシリテーターの働きかけにより，生活改善活動を実践している農村の住民たちはどのように生活改善を語っているのだろうか．活動内容は住民のニーズや地域状況，ファシリテーターの専門性，所属組織の事情によって，農業支援から住居改善，貯金活動まで幅広い．だがここでは活動の内容やその如何を問わず，実践者らが活動のプロセスを通して実感している生活改善の定義に関する主な発言（表8-3に要約）から，その特徴の分析を試みる．

1）　生活・家族第一主義

　まずは家族の生活を中心に考えるという，生活・家族第一主義といえる意識

表 8-3　実践者の実体験に基づく「生活改善」活動例と定義

国名，活動内容例	参加者の発言に見る「生活改善」とは
ドミニカ共和国 住居改善（作業動線・姿勢の工夫，快適な住いの工夫），家庭菜園の導入による栄養改善，グループ貯金，規則遵守	「家庭を中心に考えること」「こんなものと諦めずに，自らやってみること」「行き当たりばったりでなく，考えるようになること」「役に立たないと思っていることも役立つと気づくこと」「自分の意思で参加すること」「グループとしてより学び，助け合うこと」「自分が変われば，グループも変わり，コミュニティも変わる．変えていくこと」
エルサルバドル 家庭内役割分担，整理整頓，栄養改善，未利用果物の加工，グループ貯金，家庭菜園，土間のセメント化，集落や道路の清掃	「家族の会話が増え，家の中が明るくなること」「各自が得意分野を活かしてグループに貢献すること」「目的を立て，優先順位を決めて取り組むこと」「自分の意識を変えること．自分が変わるためにお金は必要ない．貧しさは頭の中にある」「無頓着だったことを意識化し，よくすること」「夢を持って毎日を過ごすこと」
ニカラグア 有機農法，家庭菜園，かまど・栄養改善，紛争経験地での地域づくり，植林	「考える習慣．今までは失敗を『ついてなかった』としか思わなかったが，今はその原因を考え，次は失敗しないように工夫するようになった．」「知識と実践と協力．これらを通じて自分たちの生活を変えていくこと」
コスタリカ 整理整頓，家庭菜園，住居改善，地域の環境整備，栄養改善，携帯を触らず家族との時間を増やす	「お金を稼ぐだけ，働くだけの生活から脱し，家族中心の生活をすること」「資源を無駄にしないよう，節約し，効率よく働くこと」「自分たちはできると信じること」「自分の意思と努力さえあればできること」「みなで学び合い，教え合い，助け合うこと」
パラグアイ 菓子の共同製作・販売金を貯め住居改善，公園整備，葬儀等の互助活動，野菜の直売	「自分たちの資源を活かして，自分たちで実践すること」「目的を持って計画的に，力を合わせて活動すること」「学んで実践する．自分の意思でやること」「自分の生活を，自分たちの地域を，よりよくすること」

出所：2010-2017年の現地インタビューを元に筆者作成．

を持ち，生産や収入向上活動は，生活のための手段であり目的ではないと認識している．家族の目標を定め，役割分担を話し合うなど，家族内コミュニケーションが増え，家族関係がよくなったという声も多々聞かれた．

2)　無頓着の意識化，既存資源の見える化・有効活用

ファシリテーターの働きかけにより，今まで無為に過ごしていた時間，無駄にしていた資源，散らかった部屋，目的のない人生，挨拶しかしない隣人……さまざまなことが見直されている．「こんなもの」と諦め，無頓着だった生活環境や習慣をあらためて点検することで意識化され，自分の意識さえ変われば資金をかけなくても改善できることがあると気づいた実践者が多い．家族や仲

写真 8 - 4　住民の生活改善活動サイクル（コスタリカの例）

出所：筆者撮影.

間との話し合いから，「欲しいものリスト」（"wants"）ではなく，日々の生活に根ざした改善課題（"needs"）を分析し，目的を明確にしている.

3）　ポジティブな自己認識の涵養

　家庭内・地域内にある物や時間などを「資源」という意識で見直し，それらを活用した対応策を考える力を会得している．他人に頼らなくても，あるもの・できることから小さな改善を積み重ねることによって，日々の生活が楽になり，家族も喜び協力的になり，自尊心が高まるという好循環が生まれている．この過程で「貧乏で何もない」というネガティブな自己認識が払拭されていく．なぜなら「貧しさは頭（意識）の中にある」のだから.

4）　学び，考え，実践するおもしろさの実感と自立心の強化

　日常生活に意識が向き始めると，主体的に節約や効率化について自ら創意工夫し実践する意欲が高まり，小さな成果からもやりがいを実感している．いつ来るか／途切れるかわからない外部支援に依存するのではなく，なけなしの既

存資源を活用しようとする主体性が生まれ，自発的に活動を継続している．自分たちで学んだ知識を実践するその自助努力が，自信と自立心を醸成している．「ファシリテーターが来なくなっても自分たちで活動を続ける．だってこれは自分たち（家族・グループ）のためだし，連帯すれば外部の力を借りなくてもできると学んだから」という声も各地で聞かれた．

5） 家庭・グループ・地域への愛着の醸成

組織活動を通じて，学び教え合いながら切磋琢磨し，また教えることにやりがいを感じ，他人の役に立つことに喜びを実感している．知識や技術を独占するような個人主義的発言は聞かれず，グループや地域の協働や調和を尊重する意識が高くなっている．だからこそ個別活動に終始せず，活動にも家庭（住居改善等）から組織（グループ貯金等），地域（環境整備等）へと面的に展開する傾向がみられるのではないだろうか．

（4） 事例に見る生活改善実践の成果と課題

1） ファシリテーターにとっての成果と課題

これらの実践事例から大きな手応えを感じているのは疑いもなく，現場のファシリテーターたちである．技術指導やバラマキ型支援に慣れた現場担当者たちの多くは当初，生活改善の「物・金なし，人・情報のみ」手法に戸惑い，懐疑的だった．しかし生活改善を学んだ人びとは物金を配らなくとも創意工夫し，喜々として活動する．ワークショップや考えるための場を与えるだけで純粋に自分たちが感謝される．「私たちの悩みを聞き，生活改善を教えてくれた彼（ファシリテーター）にとても感謝している」「彼が諦めていた私たちのモチベーションを上げ，背中を押してくれた」などの声を聞いて，「この仕事（ソーシャルワーカー）をしていて初めて自分の仕事に誇りを持てた」と生活改善の意義を見いだしたファシリテーターもいた．

表8-3の発言のとおり，物的支援が無いことが返って人びとの自信を強化することもある．依存から自立への参加者の変化を見守ったファシリテーター

は「生活改善は意識改革だ」と明言した．現場スタッフの役割はプロジェクト管理ではなく，人びとが独り歩きできるようにイニシアティブを引き出すことであった．ファシリテーターも住民も，実践からやりがいを実感し自尊心を高めている．これらが生活改善の現場レベルでの成果であろう．

　一方で課題としては，第1に生活改善アプローチを実践するファシリテーターのロールモデルの不在が挙げられる．帰国研修員から日本の生活改良普及員の話を聞いても実感が持てず，家の中の整理整頓や家事分担の見直しのようなちまちました活動をやっていても，「本当にこれでいいのか」と不安になってしまう．支援をもらえないと知ると去る人もおり，信頼関係を築いたり，成果が出るまでに時間がかかることもある．にもかかわらず，現場スタッフの多くは数カ月〜数年の契約雇用で，日本のように終身雇用ではない．ようやく活動が端緒に着いたときに契約期間が終了する，安定した職ではないため経験を積んだ人が離職してしまうなど，ファシリテーターの雇用制度や労働環境が各国で深刻な制約要因となり，優秀なファシリテーターをロールモデルとして定着させることが難しい．

　第2に，生活改善の評価の難しさがある．自主的なイニシアティブで支援に依存せず生活の改善が持続される様子や，活動を通してエンパワーされ生き生きとした住民の姿，結束し安心安全に暮らせるようになった集落などは，関係者の実感は強いものの，客観的に示す指標を設定し，データを収集することは容易ではない．最近では，ファシリテーターらがスマートフォンを活用し，活動の前後を写真で比較するなどの工夫が見られる．写真比較は手頃で，第三者に説明するのにわかりやすくインパクトも大きい．しかし写真比較を評価に活用するには注意が必要である．ファシリテーターが写真に写るものばかりを意識してしまい，いきおい目に見える成果ばかりに傾注してしまうことになりかねず，個人の意識変容や地域の信頼関係の醸成など目に見えない変化への感受性が薄れてしまう危険性があるからだ．そのため，量的評価や可視的評価以外の評価方法の確立が求められている．これは日本においても古くから続く課題

であり，質的評価手法やプロセス・ドキュメンテーション手法の活用も進んで
きている．しかしこれらの手法は文書の作成・管理が定着していない中南米に
おいては導入障壁が高くなっている．

　第3に，同じ地域でバラマキ型支援をする他機関が存在すると，住民の援助
への依存心は高く，またいつか支援がなくなるというリアリティもない場合は
住民の生活改善への関心は薄い．関連機関との調整が難しい場合は，他地域で
活動を展開するなどの工夫も必要であろう．

2）　実践組織にとっての成果と課題

　他方，生活改善を導入する組織にとっての成果としては，主に次の4点が挙
げられよう．第1に予算や事業実施キャパシティが限定的である組織において
も，少ない予算で効率的に活動が展開でき，住民の自助努力（資金や労力等の提供）
を引き出すことによって予算を削減できる実利的な利点があった．そのうえ住
民のニーズに即した生活改善は，第2に参加者の満足度や生活向上の実現性が
高く，第3に個別活動だけでなくグループ活動から地域活動への発展性があり，
かつ参加者のイニシアティブが持続的であり，第4に住民との信頼関係を涵養
しつつも，支援への依存心を軽減できることなどが事例から明らかになった．

　一方で生活改善実践は大きな投入がないからこそ地味で地道な活動が多く，
組織のPRとなるような華々しさに欠けるため，注目を集めにくい．個々の優
良事例の蓄積はあっても，面的な活動に展開するには時間がかかるため，組織
の政策的インパクトが薄くなってしまう．評価方法も未確立である．人びとの
主体性を重んじるため忍耐と長期的視点が必要だが，時間的にも人員的にもそ
のような余裕がない．成果がファシリテーターの技量に左右されないよう，経
験知を形式知化し，ファシリテーターの育成とレベルアップが必須だが人材や
人件費が不足している……．

　このような制約から，ミクロな活動実践の成果を組織としての政策（重点活
動課題等）と照らし合わせて評価することが難しく，パイロット・プロジェク
トから通常プロジェクトへ発展させる際の隘路となっていることがある．

おわりに

　これまで見てきたとおり，中南米において生活改善アプローチは帰国研修員および彼らの手ほどきを受けたファシリテーターらの尽力により，幅広く展開されている．たった数週間の研修であったにもかかわらず，終了後もこのように精力的な取り組みが継続されているのは，各参加者が生活改善の有用性を実感したからといえる．

　半世紀以上にわたる日本の生活改善経験は，自国でも汎用性の高い参加型開発の実践例であり，持続的農村開発としての有効性が認められている．中南米の文脈において生活改善アプローチは主に，

- 援助依存から脱却し自主自立的な住民を育成する手段
- 「あるもの探し」の視点を醸成し，資金不要な活動をエントリーポイントとし，住民のイニシアティブを促進する手段

としての有用性が支持されていると言えるだろう．

　さらに農村において，生産や収入増だけに帰結せずに地域資源や自分自身を再評価し，包括的な豊かな生活を目指して，日常の生活を見直し，活動し続ける実践者から，生活改善は次のように実感されている．

- 生活・家族第一主義
- 無頓着の意識化，既存資源の見える化・有効活用
- ポジティブな自己認識の涵養
- 学び，考え，実践するおもしろさの実感と自立心の強化
- 家庭・グループ・地域への愛着の醸成

　このような住民や地域のポジティブな変化とあいまって，生活改善アプローチは各実践組織にとっても肯定的に評価されている．すなわち生活改善は，住

民の生活向上の実現性および満足度が高いため，活動や効果が持続しやすく，かつ地域の人材，資源の有効活用により予算が削減でき，しかも信頼関係の向上により効率的な事業が実施できるのである．

　最後に，残る今後の課題としては，さまざまな制約の中で活動するファシリテーターの雇用体制や労働環境を整えること，評価方法の一案を示すこと，パイロット・プロジェクト後の展開について，また政策の一部に生活改善アプローチが明文化された組織における運用方法の進捗についてなど，長期的にモニタリングを継続し，先述した課題への教訓と対策を抽出することが挙げられる．さらにはフォローアップや情報収集が難しい，生活改善を実践していない帰国研修員とその所属先の調査から，生活改善導入の障壁を分析することなども必要であろう．これらの点においては，高砂［2017］が取り上げたホンジュラスやグアテマラのプロジェクトのように，自治体の能力強化手法として生活改善アプローチが功を奏している事例が参考になるだろう．それらの先行事例から成功要因を深く分析し後発案件への教訓を引き出すことも一考である．

　JICA による生活改善関連の研修事業は，いつかは終了を迎える．それ以降は REDCAM が主体となって中南米における生活改善アプローチの進展を支えていくことができるだろうか．それが彼の地での生活改善の真価を問う試金石となるだろう．

注
1）「農村生活改善協力のあり方に関する研究」会（2001-2003年度），池野［2004；2005］，太田［2004］，小國［2004；2005］，佐藤［2001；2002］，水野［2002；2003；2004；2005］などがある．
2）　JICA［2006；2009］，佐藤・水野・太田・小國・藤掛［2010］．
3）　JICA［2006；2009］など．
4）　研修のフィードバックや帰国研修員らのフォローアップ結果，講義担当者の専門分野などを反映させるため，重要ポイントは年度や講師によって多少の相違がみられる．
5）　視察先は，北海道，岩手，群馬，茨城，神奈川，長野，滋賀，広島，山口，沖縄など，参加年度の異なる帰国研修員同士が情報交換できるよう，年度によって異なる．

6）　現地プログラム先は，エルサルバドル，グアテマラ，コスタリカ，ニカラグア，コロンビア，パナマ，ドミニカ共和国など年度によって異なる．

7）　メキシコの Juan Santiago 氏が "La Fundación Seikatsu Kaizen" を2011年に創設．

8）　Fundación para el Fomento y Promoción de la Investigación y Transferencia de Tecnología Agropecuaria de Costa Rica（FITTACORI）．

9）　本実証プロジェクトは2018年末に終了，現在農牧省と第三者機関が成果を調査・分析中である．

10）　https://www.jica.go.jp/oda/project/1100333/index.html（詳細は JICA HP 参照）．

11）　https://www.jica.go.jp/oda/project/1200171/index.html（詳細は JICA HP 参照）．

12）　https://www.jica.go.jp/oda/project/1600294/index.html（詳細は JICA HP 参照）．

13）　島根県農業改良課（1955年頃）作成．

14）　お金を生み出す改善：共同事業（生産，消費），交際の改善，田植のまかない廃止，お金の必要な改善：台所の改善，公会堂の建設，日常食事の向上，お金を必要としない改善：農休日，時間励行，老人・男性の理解．

15）　ただし筆者らの調査を受け入れるのは帰国研修員の活動を高評価している所属先組織であり，帰国後の実践がない組織においては調査できていないという限界があることを補足しておく．

16）　https://www.jica.go.jp/project/mexico/0603190/index.html（詳細は JICA HP 参照）．

17）　PAPROSOC2［2010］"Guía Operativa──Estrategia Mejoramiento de Vida──"．

参 考 文 献

池野雅文［2004］「農村開発における住民組織化の可能性」，佐藤寛編『援助と住民組織』アジア経済研究所．

──── ［2005］「開発援助における『社会的準備』とエンパワーメント」，佐藤寛編『援助とエンパワーメント──能力開発と社会環境変化の組み合わせ──』アジア経済研究所．

太田美帆［2004］「生活改良普及員に学ぶファシリテーターのあり方──戦後日本の経験からの教訓──」JICA 準客員研究員報告書．

小國和子［2004］「『根っこ』のある組織化を目指して──戦後日本農村における生活改良普及員の経験に学ぶ──」佐藤寛編『援助と住民組織』アジア経済研究所．

──── ［2005］「村落開発援助におけるエンパワーメントと外部者のまなび──日本農村の生活改良普及事業から途上国援助への教訓──」，佐藤寛編『援助とエンパワーメント──能力開発と社会環境変化の組み合わせ──』アジア経済研究所．

佐藤寛［2001］「戦後日本の生活改善運動」，菊地京子編『開発学を学ぶ人のために』世界思想社．

──────［2002］「戦後日本の農村開発経験──日本型マルチセクターアプローチ──」
　『国際開発研究』11(2).

佐藤寛・水野正己・太田美帆・小國和子・藤掛洋子［2010］『クロスロード増刊号　途上国
　ニッポンの知恵──戦後日本の生活改善運動に学ぶ──』JICA.

JICA［2006］「生活改善アプローチによるコミュニティ開発（技術協力コンテンツ）」.

──────［2009］「日本の生活改善の経験（JICA-Net 教材）」.

島根県農業改良課［1955年頃］スライド『伸びゆく生活改善グループ──大田市大田町日
　の出グループ──』島根県農業改良課.

高砂大［2015］「中南米地域における生活改善の実践──日本発，中南米経由，日本着
　──」国際開発学会2015年度全国大会報告論文集.

──────［2017］「地方自治体の能力強化において生活改善アプローチはいかに活用でき
　るか──中米の技術協力プロジェクトを事例に──」国際開発学会2017年度全国大会
　報告論文集.

農村生活改善協力のあり方に関する研究会［2002-2004］「『農村生活改善協力のあり方に
　関する研究』検討会第1‐3年次報告書」JICA.

塙暢昭［2015］「勉強会メモ」国際開発学会「開発協力・研究に資する，日本の生活改善
　経験に関する資料，応用事例の収集と体系化」部会2015/10/17発表資料.

水野正己［2002］「日本の生活改善運動と普及制度」，国際開発学会『国際開発研究』11
　(2).

──────［2003］「日本の生活改善運動と参加型開発」，佐藤寛編『参加型開発の再検討』
　アジア経済研究所.

──────［2004］「農村開発における住民組織化──戦後日本の生活改善運動を中心にし
　て──」，佐藤寛編『援助と住民組織』アジア経済研究所.

──────［2005］「『生活改善』と開発──戦後日本の経験から──」，佐藤寛・青山温子
　編『シリーズ国際開発第3巻　生活と開発』日本評論社.

PAPROSOC2［2010］"Guía Operativa ── Estrategia Mejoramiento de Vida ──".

REDCAM-Nicaragua［2012］"Manual de Mejoramiento de Vida con Enfoque Kaizen".

終 章

農村開発と生活改善アプローチの有効性と限界

1 主なファインディングズ

　本書の目的は，日本，中国，アフリカ，中南米の国々の農村を対象に，経済学，農業経済学，農村社会学，開発学などの視点から，今後の農村開発のあり方を明らかにすることである．その前提となる基本認識は，いま世界中の農村が直面している都市化が今後もいっそう進行することである．

　この人口移動は非可逆的である[1]．高所得地域は都市人口比率が既に90％前後まで達しており，農村は都市社会の中の農村（および農業）であることを余儀なくされる．そのため，都市側からの農村（および農業）に対する新たなニーズに応えていかねばならない．

　東アジアや東南アジア地域では，産業のいっそうの高度化あるいは地域統合による経済発展を推進しており，人口の都市集中が続くと，農村ではいわゆる過疎現象の生じる恐れがある．中国を例にとると，1978年以降の対外開放政策の結果，平均7〜10％水準の経済成長により国全体の経済規模は拡大したが，他方では沿海地域と内陸地域，都市部と農村部，農村内部での格差や貧困問題が顕著になった．中国政府はこれに対処するため，最近では「一帯一路構想」を打ち出している．東アジアから北アフリカや東欧を含む64カ国をカバーする[2]同構想は，過去の「西部大開発」や貧困地域対策などに比べて極めて規模が大

きく，中国はおろか周辺関係国の農村に及ぼす影響は測り知れない．

サハラ以南アフリカ地域においては，産業化の遅れないしは不足や欠落状況が続くと見込まれ，産業化なき都市化が進行するならば，農村の貧困が都市の貧困に転移することになりかねない．ラテンアメリカ・カリブ海諸国では，一方では小規模な家族農業経営と他方では近代的な輸出志向の大規模農企業の二極化のため，前者の近未来は決して楽観できない［FAO 2007；2008］．

そこで，われわれは，日本の開発経験を振り返り，日本の農村において第2次世界大戦後の農業改革の一環として生活改善事業が取り組まれてきたことに注目した[3]．第2次世界大戦後の農業改革の断行によって，自作農創設が成し遂げられ，その改革の成果を食料増産に結実させるため，農業協同組合制度および農業改良普及制度が導入された．こうして小規模家族農業経営を支援する体制が整えられ，生活改善普及事業という従来になかった新制度が農業改良普及の一環として開始された．この生活改善普及事業は，大戦前のトップダウン式の生活改善とは根本的に異なるものであった．

1つは，生活改良普及員が担当地域の農家，農村に出向き，農家の世帯員が直面している生活ニーズに対して問題解決を図る現場重視の手法を試行錯誤の過程を経て創り上げていったことである．2つは，生活改善実行グループを機能集団として育成し，農家の女性の自立した活動の支えとしたことである．グループによる集団思考に基づく生活改善課題の探求は科学的な思考態度を育み，さらには生活改善活動に正当性をもたすものであった．3つは，生活改良普及も農業改良普及も共に考える農民を育てることを目的として活動が実施されたことである．いわば，農民は自分の頭で考える農民になること，普及員は自分の頭で考える普及員になる取り組みであった．

また，重要なことは，農業生産を対象とする農業改良普及は農業技術の普及を通じて農業政策の推進を農村集落の末端部で担ったが，それと生活合理主義をうたう生活改善とは車の両輪とされたことである．農業生産（農業普及）と農家生活（生活改善）は，もともと一体的なものであり，したがってひとつの

表終-1 開発援助アプローチと生活改善のアプローチの比較

開発援助アプローチ	生活改善アプローチ
外部の技術，資源，資本，情報への依存	既になにかあるものから出発
外来のものによる置き換え	既になにかあるものの改善
大型化	小さな改善の積み重ねと継続
外部の介入の一過性	自助
モノとカネが中心	人間が中心
受動的参加	積極的参加
責任回避と依存の悪循環	人生は改善

出所：水野正己［2004：57］の表を筆者が加筆修正．

ものの異なる側面を表現するものに過ぎない．つまり，農業（生産）が変われ
ば，労働力の配分が変わり，その影響は日常生活に及ぶのであり，逆に，生活
（消費）が変われば所得目標が変わり，農業生産に影響が及ぶのである．「生活
が先か，生産が先か」という疑問は，生活改良普及員の頭を常に悩ませたテー
マであるが，結局のところ，どちらが先かを問うのではなく，「両者が相俟っ
て，循環機能としての役割を果たしてこそ普及事業の本来のあり方」［渡辺
1978：217-19］となり得るのである．

　以上にみてきたように，生活改善の問題解決手法の特徴を抽出して体系化し
たものを，われわれは生活改善アプローチと呼んできた．これは，普通のごく
一般的な仕事の進め方＝手順であって，だれでも，いつでも，どこでも，なに
からでも始めることのできる点に特徴がある[4]．

　生活改善アプローチの特徴を既往の開発援助アプローチと比較して示したも
のが表終-1である．それによると，既往の開発援助アプローチは，開発主体
（農民）の不足状態を外部から補充しようとするものであることがわかる．逆に，
生活改善アプローチは何よりもまずできることから活動を始めるものである．
さらに重要なことは，両者のアプローチが適切に組み合わされ，生活改善アプ
ローチの下で必要であるにもかかわらず不足している技術，情報，資源，資本，
思考（アイデア）等が補充されると，大きな相乗効果が期待できることである．

表終-2 中国，アフリカ，ラテンアメリカに導入された生活改善アプローチの概要

	中　　国		アフリカ	ラテンアメリカ
	貴州省三都県	貴州省道真県・雷山県	セネガル	エルサルバドル，コスタリカ，ドミニカ共和国，ニカラグア，パラグアイ
導入	① 貴州省住民参加型総合貧困対策モデルプロジェクトモデル村に生活改善を組み入れ	① 貴州省住民参加型総合貧困対策モデルプロジェクト（第2期）モデル村に生活改善を組み入れ	① SAED職員が日本の生活改善研修受講 ② 青年海外協力隊員の派遣（村落開発普及）	① 日本で生活改善研修受講（2005-2018年，計22カ国，373名，第三国研修含む） ② 青年海外協力隊（村落開発普及）の派遣 ③ プロジェクト技術協力専門家の派遣
活動	① 家庭保健，生活改善，生態農業促進 ② 研修，広報教育活動による技術力，健康，衛生観念，生活環境改善意識向上 ③ リボルビングファンドと生態農業で収入向上	① 家庭保健，生活改善，生態農業促進 ② 家庭保健教育教材開発 ③ 生活改善ワークショップ ④ 一村一品 ⑤ 村民組織化 ⑥ 互助基金によるリボルビングファンドで収入作り ⑦ 日本で生活改善研修	① 生活改善資料現地語翻訳 ② SAED女性職員に生活改善講習実施 ③ 近隣6集落で生活改善ワークショップ開催 ④ 家庭廃棄物管理，衛生改善，健康問題等選択 ⑤ 費用自己負担したゴミ処理集落の事例紹介	① 帰国研修員が所属機関に生活改善講習 ② 生活改善パイロットプロジェクト実施 ③ 帰国研修員中南米地域ネットワーク構築 ④ 帰国研修員が生活改善普及技術書等作成し活用 ⑤ 帰国研修員同窓会が生活改善活動支援 ⑥ 政府・自治体が既往の業務に生活改善アプローチ採用 ⑦ 政府・自治体の組織として生活改善部署設置
成果	① 生活環境衛生，衛生習慣，子供の手洗い習慣向上 ② 母子保健意識向上 ③ トイレ改善増加	① プロジェクト事業参加の住民組織化進展 ② 住民主体の生活改善組織活動不振	① 村が清潔，快適，綺麗，衛生状態改良，汚さない， ② 村民コミュニケーション増加，住民団結力の増大	① 農業農村開発プロジェクトおよび地方分権化で自治体能力強化プロジェクトに生活改善導入 ② 生活改善コンサルタント開業，NGO活動に応用，日常生活・社会活動に応用 ③ 大学に生活改善コース設立
備考	プロジェクト実施期間2002-2005年	プロジェクト実施期間2005-2010年	SAED：セネガル川流域デルタ開発公社．	共通語としてスペイン語がある．

出所：本書第5章から第8章より筆者作成．

注意を要する点として，生活改善アプローチはその特徴のどれが欠けていても　いなくても，何ら問題なく実践可能であり，生活改善を推進することができる　ことである．

　また，同図表から読み取れることは，生活改善とは開発活動や事業を「カイ　ゼン」の思想と方法で実践するための基本的な要件をわれわれに提示するもの　であって，個々の，そしてその折々の，あるいはその場その場で取り組まれた　活動内容を示すものでは決してない．このため，本書では，生活改善 OS（オ　ペレーション・システム）論を主張してきた[5]．

　そこで，こうした普遍性を有する問題解決手法を，激変期を迎えた世界の農　村地域の開発において活用する可能性を求めて，国際協力機構による研修事業，　プロジェクト技術協力事業，青年海外協力隊員による活動，国際協力 NPO 団　体による活動などが，特に2006年以降に取り組まれてきた．この生活改善アプ　ローチの日本国外への紹介・導入・普及は，なお，現在進行中であるため，そ　の全容を直ちに示すことは不可能である．そのため，本書ではその一部である　中国，アフリカ，そして中南米において取り組まれてきた生活改善にみられる　特徴を整理しておくことにする．

　表終-2は，本書の第5章から第8章で取り上げられた分析結果の一覧であ　る．それによると，第1に，いずれの場合も，日本からの政府開発援助の一環　として生活改善アプローチが海外において普及・適用されてきたことがわかる．　特に，生活改善アプローチを農村開発の普及技術の一分野として位置づけ，　『技術協力コンテンツ「生活改善アプローチによるコミュニティ開発」』（2006　年）として取りまとめられたことが重要である．それによって，アフリカおよ　びラテンアメリカへの普及拡大が大きく前進したことは明らかである．

　第2に，中国での導入事例は，社会開発分野の日本の技術協力プロジェクト　事業の一部として生活改善活動を組み入れて，プロジェクトを実施したもので　ある．開発プロジェクトは必ず終了時がやってくるため，この中国の事例にあ　ってもプロジェクト終了に伴って生活改善活動も自然に終息したとみられる．

この中国の事例が語る重要な点は，生活改善アプローチが特段の投入なしに（本来的には多くの投入のあることが望ましいのだが），既往の事業の実施システムとして組み入れることが可能ということである．これは，生活改善アプローチの普及のひとつの類型として位置づけることができる．この場合，開発援助アプローチと生活改善のアプローチの相乗効果の発現が期待される．実際，第5章および第6章の記述の中にそうした効果を見て取ることができる．

　第3に，アフリカおよびラテンアメリカの場合，国際協力機構が行う日本における生活改善アプローチに係る研修を受講して帰国した研修員が，その意義を認めて帰国後に所属機関等において生活改善アプローチの講習を通じてその知識としての普及を図ることに加え，小規模な生活改善活動に試行的に取り組むか，あるいは実施中の日本の技術協力プロジェクトの遂行に研修の成果として生活改善アプローチを組み入れる例がみられる．

　特に，ラテンアメリカ諸国の場合は，外部の援助依存体質から脱却し自立的な発展を志向する人づくりへの足掛かりを与えるものとして受け入れられ，複数の国でさまざまな仕方で活用されている．さらに，生活改善アプローチが地方自治体のサービス向上を目的とした開発援助プロジェクトに適用されるに至っている．本来，小規模（家族）生産者の効用極大を前提とした生活改善アプローチが，公共部門のサービス提供の効率化を目的とした業務改善に適用されているのである．これは，小生産者：効用極大：生活改善，公共部門：サービス効率化：業務改善，企業：生産性産性向上：カイゼンという3部門のいずれもが革新（イノベーション）よりも改善＝カイゼンを通じてその本来的な目的を達成することが可能なことを示しており，極めて興味深いものがある．

2　農村開発に対するインプリケーション

　最後に，生活改善アプローチを生み出した日本の生活改善の経験が世界の農村開発に関してもつ含意について取りまとめる．

　第1は，生活改善アプローチの「なにを」ではなく，「いかに」という特徴を取り上げる．国連持続可能開発目標（SDGs）は，2016-2030年を実施期間とする17目標169指標からなる開発の「なにを」に関する網羅的メニューということができる．しかしその中のどこにも「いかに」について記されていない[6]．「なにを」については国際合意が得られやすいという便宜的な理由もあろうが，SDGs の多種多様な「なにを」の実現を図るためには「いかに」に関する議論を避けて通ることはできないであろう．この点で，生活改善アプローチの提唱は，国際開発の実践と研究に欠けている議論を喚起するものということができる．

　第2に，開発における裨益者の「参加」の重要性は1980年代初頭から開発の大きなテーマになってきたが，参加の内容についてはまだ議論の余地が残されている．多くの場合，裨益者の形式的な参加（例：開発プロジェクト説明会への出席）や参加型開発手法の採用だけで直ちに参加が実現することはなく，実質的な参加は開発の主体として自らの開発を自らが決定する（開発の定義づけ）ことであろう．かかる実質的参加を実現するには，開発に参加する主体の形成が重要になってくる．この意味で，日本の生活改善普及事業が農業改良普及と共に「考える農民」の育成を目的としたことはたいへん示唆的である．

　生活改善実行グループの小集団活動を通じてグループ員が人間的成長を遂げていく過程は，たとえば次のようなものである［農林省振興局生活改善課 1957：14-15］．

　　改善活動の開始時には「はっきりした目的を持って集まってくる人が少ない．会合にはひとに言われたり，頼まれたり，時には義理で出席する．（中略）習った技術を家で実行しようとしない．見栄や競争で改善する．」といった態度がみられた．しかし，それが生活改善実行グループ活動への参加の深化によって「自分の家に必要な，或いは適した技術を習いたがる．……技術を教え合う．技術が豊かに……自信を持ってくる．（中略）物事を

　自分で判断するようになる．自分たちの生活の中から問題をみつけるように
なる」といった積極的な態度へと変化した．

　この指摘にあるように，農村の住民や女性が積極的に社会へ参加し，ものご
とを判断・決定できる能力を高めていくことによって，それは周りの人びとへ
も影響し，また他の地域へも波及していくのである．生活改善は，開発におけ
る「参加」の意味内容を改めてわれわれに教えている．すなわち，「参加」の
定義の精密化よりも，参加する主体の育成がより基本的ということである．し
かしながら，農村開発において住民参加を促進する方法は，生活改善アプロー
チだけに限らない．本書の第3章で分析した宮崎県綾町の事例にみるように，
集落を単位とする自治公民館制度の下で地域住民の自主的な活動が促進され，
人びとの創意が発揮されたことがその後の地域づくりの基盤形成につながった
のである．このように，生活改善アプローチも地域の人びとの創意と工夫を引
き出すさまざまな手法のひとつということがいえよう．
　第3は，開発の総合性，連続性，長期性についてである．そのため開発は芋
づる式にいろいろな領域の問題解決につながっていくものであり，またつなげ
ていかなければ開発の実をあげることができない．日本の生活改善の経験は，
農村住民の生活向上と，農業の改良による経済活動の向上（増収）との両者が
不可欠であることを教えている．この様に，改善対象の生活領域の拡大と収支
の均衡との両軸のバランスがとられるとき，生活改善は進んでいく．どちらか
一方だけの改善は生活のレベルアップに必ずしも結びつかないことに留意する
必要がある．
　第4に，生活改善アプローチのあるものから出発する特徴を取り上げる．日
本では地域づくりにおける地元学的な考え方はいまや一般常識化しているとみ
てよい．開発研究においても，1980年代以降，セン［2000］らの考えが社会的
に認知されることによって，貧困問題の解明には何かの不足を測るのではなく，
モノの活用能力やそれが活用できる環境条件の解明こそが重要といった着想に

変わりつつある．そうであるならば，中国であれアフリカであれ，途上国の農村や農民の今そこにある生活実態から出発する農村開発や住民の生活改善の取り組みが求められるということになる．今そこにある最大の条件は間違いなく住民であり，村人であり，農民である．これらの人びとの人間開発こそが生活改善の最重要の活動対象なのである．

第5に，改善＝カイゼンと革新＝イノベーションの関係である．開発は，技術協力から始まった．これはつまり，進んだ技術を経済水準の低い地域に導入することであり，革新を異なる社会に持ち込むことに他ならない．そうすると，日本の生活改善普及事業は，アメリカ流の生活改善を革新として日本の農村に持ち込む試みとして開始された．しかし，当時の日本農村に適用可能な革新的生活技術はなく，結局，生活改良普及員と農家の女性たちの共同の取り組み（これを現場と呼ぶ）の中から有効な生活技術とその普及手法が創出されざるを得なかったのである．これとまったく同じ現象が経済復興期の産業部門においてみられ，これはのちに工場の生産性向上運動として広まり，工業生産におけるカイゼン＝日本型の品質管理手法として開花した．以上のふたつの経済復興期の取り組みは，改善を積み重ねることによって革新を成就させた事例として高く評価されるべきであろう．改善と革新は，前者の累積が後者となる関係にある．このことのもつ意味は，小規模家族農業経営者を対象とする農村開発において特に著しい．

第6は，農村開発研究に対する含意である．かつて，Norman Long［1977］は，第2次世界大戦後の世界の農村開発に 'improvement' アプローチと 'transformation' アプローチの2類型を見出し，前者の例を農業技術普及活動（改良種子・肥料技術の普及による農業増産）に，また後者の例をラテンアメリカ諸国における農地制度改革に求めた．しかし，いまやわれわれはこれに生活改善（life improvement）アプローチを加えることができる．これによって，技術：制度：人づくりの3側面からそれぞれ農村開発を推進するアプローチを提示することができるようになった．第2次世界大戦後の日本の農業復興は，まさにこの3

側面のアプローチによって推し進められたことがこれで理解できる．Norman
の議論は，前2者のアプローチの相互対立的な側面を強調するものであったが，
大戦後の日本の農村開発の事例は3つのアプローチによる開発事業が相互補完
的な関係にあったことを示しておりまことに興味深い．

　最後に，日本の開発経験のひとつとして，農家の生活改善と生活改善アプロ
ーチの活用の可能性ついて触れておく必要があろう．外来の制度を日本国内の
諸条件に適合させる内部化の過程を経て生活改善アプローチにまで進化させた
ことは，他の国や地域においても必要に応じて自国・地域の農村と農業の実情
に適合するように改善すればよいことを示唆している．また，「なにを」では
なく「いかに」を教えている生活改善アプローチは，どのような経済水準の社
会に対しても適用可能な条件を有する農村開発手法ということができる．生活
改善アプローチの活用場面が，社会の貧困解消段階はもとより，都市人口の増
加と高所得経済を目指した急速な社会変化に挑戦する段階の農村開発において
も，なお一層必要かつ強く求められるアプローチであろう．ここに日本の開発
経験の世界への発信の可能性があるといえよう．

　それはとりもなおさず，生活改善アプローチを生み出した日本の農村地域の
現状を振り返り，ともすれば日本の農村の同種の人口減少問題にやがて陥りか
ねない途上国や中進国の農村地域の人びとと，日本やその他の国で農村振興問
題の有効な手立てをなお見出し得ていない地域の人びととの，連携を模索する
途にもつなげていく必要があるだろう．全面的な都市社会の中での農的地域や
農的産業のあり方を創造していく課題は，今や一国一地域を超えて世界に広ま
りつつある．

注
1）　都市人口比率の傾向的増加からわずかながら傾向的低下を示した世界で唯一の例外
　　はイギリス（特にイングランド地域）で，1950年から2000年までの半世紀の間，都市
　　人口比率が1950年水準（79.0％）をわずかながら下がり，1970年には1.9ポイント低い
　　77.1％を記録した．逆都市化と呼ばれるこの現象は，しかしながら20世紀末までのこ

とで，2005年には79.9%と1950年水準を上回り，それ以後は80%台の水準が続いている．2050年の都市人口比率の予測値は90.2%であり，全欧の平均を上回る［UN, Department of Economic and Social Affairs, Population Division 2018］．

2）　王義桅［2017：107 表 3 ］参照．

3）　大戦後の生活改善に注目するからといって，今や集落消滅の恐れまで招来している日本の農村開発や社会経済一般（資本主義的近代化）の発展のあり方の有効性，妥当性，あるいはその世界的な普及の可能性を無条件にわれわれが評価しているわけではないことを，ここで断っておきたい．

4）　生活改善アプローチを生み出した日本の農村女性たちの活動は，日本の農業政策の中でも極めて特異な政策努力によって推進されてきたということもできるが，だからといって生活改善アプローチそれ自身までが特異なものということでは決してない．また，第 2 次大戦後の民主化や経済復興期の日本の農村における開発経験から創り出されたが故に，このアプローチは普遍性を欠くという主張があるかもしれない．しかしながら，投入といえば生活改良普及員（の俸給と手当）のみであったことを思えば，むしろ何もないと判断される状況下でもまだ何かあるという思考に普遍性が存在するがゆえに，経済復興期の日本の農村において生活改善アプローチが生み出されたというべきではないだろうか．

5）　生活改善の OS に対してアプリの研究開発の可能性もあるが，それについては本書の範囲を超えるため他日を期したい．

6）　UN System Task Team on the Post-2015 UN Development Agenda ［2012: paragraph 20］．

参 考 文 献

セン，アマルティア［2000］『貧困と飢餓』黒崎卓・山崎幸治訳，岩波書店．

農林省振興局生活改善課［1957］『10年になる農家の生活改善事業』．

水野正己［2004］「生活改善アプローチへの提言」国際協力機構『「農村生活改善協力のあり方に関する研究」検討会第 3 年次報告書（第 2 分冊），農村生活改善手法適用調査──カンボジア調査・セミナーにおける検証──』．

渡辺珪子［1978］「生活が先か，生産が先か」福岡県農業改良普及事業三十周年記念事業実行委員会『普及の歩み』福岡県農政部農業技術課．

王義桅（川村訳）［2017］『「一帯一路」詳説』日本僑報社．

FAO［2007］State of Food and Agriculture 2007.

───［2008］State of Food and Agriculture 2008.

Long, Norman,［1977］An Introduction for the Sociology of Rural Development, Tavistock Publications.

UN, Department of Economic and Social Affairs, Population Division［2018］World Urbanization Prospects: The 208 Revision, Online Edition, File 2.

UN System Task Team on the Post-2015 UN Development Agenda [2012] Realizing the Future We Want for All: Report to the Secretary-General.

索　引

《執筆者紹介》（執筆順，＊は編著者）

＊水 野 正 己（みずの　まさみ）[序章，第1章，第4章，終章]
　　英国ケント大学大学院社会人類学専攻修士課程
　　京都大学博士（農学）
　　現在，日本大学生物資源科学部国際地域開発学科特任教授
　主要業績
　　『開発と農村――農村開発論再考――』（共編，アジア経済研究所，2008年）
　　『東南・南アジアのディアスポラ』（共著，明石書店，2010年）
　　『国際地域開発の新たな展開』（共著，筑波書房，2016年）

＊堀 口　　正（ほりぐち　ただし）[序章，第3章，終章]
　　大阪市立大学大学院経済学研究科博士課程修了，博士（経済学）
　　現在，大阪市立大学大学院生活科学研究科教授
　主要業績
　　『中国経済論』世界思想社，2010年．
　　『周縁からの市場経済化』晃洋書房，2015年．

辰己佳寿子（たつみ　かずこ）[第2章]
　　広島大学大学院国際協力研究科博士課程単位取得満期退学，博士（学術）
　　現在，福岡大学経済学部経済学科教授
　主要業績
　　『「女性の力」で地域をつくる――山口県の「生活改善」の現場から――（『農村文化運動』No.
　　194）』（共編，農山漁村文化協会，2009年）
　　『国境をこえた地域づくり――グローカルな絆が生まれる瞬間――』（共編，新評論，2012年）
　　『グローカルなむらづくりにおける農家女性の役割――生活改善における「考える農民」再考――
　　（『農―英知と進歩―』No.293）』（農政調査委員会，2013年）

本間由紀夫（ほんま　ゆきお）[第5章，第6章]
　　放送大学大学院文化科学研究科修士課程修了
　　現在，国際協力コンサルタント
　主要業績
　　『中国年鑑』（中国研究所）2000年版～2014年版の動向と要覧・統計「人口」執筆
　　『健康促進与農村発展活動実施手冊』（共著，中国人口出版社，2010年）
　　『家庭保健服務指南』（共著，中国人口出版社，2015年）

服 部 朋 子（はっとり　ともこ）[第 7 章]

お茶の水女子大学大学院家政学研究科修士課程修了

現在，開発コンサルタント（NTC インターナショナル株式会社技術本部地球環境部部長）

主要業績

「アフリカにおける生活改善活動——日本の経験を通じて——」（『耕』134号，山崎農業研究所，
　2014年）

「日本の開発協力における『カイゼンの思想』の在り方と今後の方向性」（編著，国際開発学会「日
　本の開発協力における『カイゼンの思想』の在り方と今後の方向性」研究部会報告書，2014
　年）

「マルチセクトラルなアプローチによる生活改善を通じた栄養対策・支援——サブサハラアフリカ
　の事例——」（『国際農林業協力』Vol. 40　No. 1, JAICAF, 2017年）

太 田 美 帆（おおた　みほ）[第 8 章]

英国レディング大学大学院生命科学研究科農業・政策・開発学部博士課程満期退学.

現在，玉川大学文学部英語教育学科准教授

主要業績

『開発と農村——農村開発論再考——』（共著，アジア経済研究所，2008年）

『国際協力学の創る世界』（共著，朝倉書店，2011年）

『貧しい人を助ける理由——遠くのあの子とあなたのつながり——』（共訳，日本評論社，2017年）

世界に広がる農村生活改善

——日本から中国・アフリカ・中南米へ——

2019年5月10日　初版第1刷発行　　＊定価はカバーに
　　　　　　　　　　　　　　　　　　　表示してあります

編著者　　水　野　正　己 ©
　　　　　堀　口　　　正

発行者　　植　田　　　実

印刷者　　江　戸　孝　典

発行所　株式会社　晃　洋　書　房

〒615-0026　京都市右京区西院北矢掛町7番地
電話　075(312)0788番(代)
振替口座　01040-6-32280

装丁　野田和浩　　　　　印刷・製本　㈱エーシーティー

ISBN978-4-7710-3208-8